高等职业教育"十三五"规划教材

有色宝石鉴定

YOUSE BAOSHI JIANDING

潘维琴　栾雅春　编著

机械工业出版社

CHINA MACHINE PRESS

本书着重介绍了三十余种常见单晶宝石、玉石、有机宝石的鉴定方法；并在其中穿插介绍了宝石的结晶学、光学等理论知识；在宝石、玉石的具体鉴定过程中阐述了宝石、玉石的分类、命名及优化方法等知识；在知识拓展部分介绍了常见宝石、玉石的质量评价方法；在附录宝石鉴定工作手册中介绍了宝石鉴定检验流程、宝石鉴定仪器操作规范、珠宝鉴定证书开具流程、珠宝鉴定证书及常见有色宝石的鉴定特征。

全书围绕有色宝石鉴定的整个工作过程，内容简明易懂，并添加了近几年市场上新出现的宝石品种。既可作为高等院校宝石学专业学生的教学用书，也可作为从事宝石鉴定的专业技术人员、宝石贸易界人士及宝石爱好者学习的参考用书。

图书在版编目（CIP）数据

有色宝石鉴定／潘维琴，栾雅春编著. —北京：机械
工业出版社，2017.2

高等职业教育"十三五"规划教材
ISBN 978－7－111－55529－2

Ⅰ.①有… Ⅱ.①潘… ②栾… Ⅲ.①宝石—鉴定—高
等职业教育—教材 Ⅳ.①TS933.21

中国版本图书馆 CIP 数据核字（2016）第 287403 号

机械工业出版社（北京市百万庄大街22号 邮政编码100037）
策划编辑：王玉鑫 责任编辑：王玉鑫 杨晓昱
封面设计：马精明 责任校对：张 薇
责任印制：常天培
北京联兴盛业印刷股份有限公司印刷

2017 年 1 月第 1 版·第 1 次印刷
184mm×260mm·13.25 印张·355 千字
0 001－3 000 册
标准书号：ISBN 978－7－111－55529－2
定价：58.00 元

凡购本书，如有缺页、倒页、脱页，由本社发行部调换

电话服务 网络服务

服务咨询热线：010－88379833 机 工 官 网：www.cmpbook.com

机 工 官 博：weibo.com/cmp1952

读者购书热线：010－88379649 教育服务网：www.cmpedu.com

封面无防伪标均为盗版 金 书 网：www.golden-book.com

前　言
Preface

　　随着国内外珠宝行业的飞速发展，消费者越来越把目光投放在珠宝首饰上，以用作投资、收藏、纪念、装扮及显示身份地位等功能上。随之而来的是国内对珠宝知识感兴趣的非专业人士也越来越多。为了满足高等院校尤其是高职院校学生的学习需求及非专业人士对掌握珠宝知识的渴望，编者认真总结了在宝石学教学以及在宝石鉴定、贸易和科研等工作中的经验与体会，结合国内外珠宝界在珠宝鉴定和研究中的最新资料，围绕有色宝石鉴定的具体工作过程，对常见宝石、玉石的鉴定方法及质量评价方法作了论述。本书的有色宝石指的是除钻石外其他所有的天然及非天然的单晶宝石、玉石及有机宝石。

　　全书对体例进行了新颖的设计，每章开篇导入实际案例和学习目标提示。各章节分设具体的宝石鉴定任务，围绕有色宝石的鉴定过程设置了任务提出、相关知识、任务实施、任务成果、职业资格考试习题、参考答案六个版块，并在其中穿插了知识卡片、知识拓展等基础知识与新内容。

　　本书摒弃了通篇理论知识的教材模式，更加强调理论与实践的结合，强调以学生为主体，通过教师引导学生进行分析讨论，并以分组协作的方式，使学生尽快进入团队合作、自主学习的状态，在逐步完成实际任务的过程中，理解并掌握各种有色宝石的鉴定方法。

　　本书由辽宁机电职业技术学院、丹东中金投资有限公司合作编写。由辽宁机电职业技术学院潘维琴、栾雅春编著，刘诗文任副主编。辽宁机电职业技术学院潘维琴负责编写项目二的案例导入及任务1和任务2，辽宁机电职业技术学院栾雅春负责编写项目一的任务1至任务11、项目四及附录，辽宁机电职业技术学院刘诗文负责编写项目三的案例导入及任务1~任务3，丹东中金投资有限公司王明智负责编写项目一的任务12和任务13，辽宁机电职业技术学院乜东晶负责编写项目二的任务3、任务4、任务7、任务8，辽宁机电职业技术学院江春玲负责编写项目二的任务5、任务6，辽宁机电职业技术学院于淼负责编写项目三的任务4。全书由栾雅春统稿。

　　本书在编写的过程中参考了部分网站资料和图书杂志，笔者在书末以参考文献的方式列出。在这里，对这些书籍和资料的作者也表示衷心的感谢。

　　书中难免存在疏漏和不当之处，诚望广大读者多提宝贵意见，竭诚欢迎专家和读者批评指正。

编　者

2016 年 9 月

目 录
Contents

‖项目一‖

天然宝石鉴定

案例导入

　　小 A 大学期间学习的是珠宝鉴定专业，毕业后进入一家珠宝鉴定检验中心工作。该鉴定检验中心具备 ilac – MRA、CNAS、CMA、CAL 资质，专业从事珠宝首饰的鉴定检测工作。小 A 的工作职责是负责接待有珠宝鉴定需求的客户，并协助鉴定检验中心的鉴定师进行珠宝鉴定工作。

　　2016 年 3 月 1 日，一位客户上门要求对其在斯里兰卡旅游时买的一个红色宝石镶钻戒指首饰进行鉴别。小 A 在接单时对该首饰进行了初步的检查。经检查确定：

　　该首饰总重 6.89 克；戒托上印有 PT950 标志；主石为红色透明宝石，采用六爪镶嵌，附石为无色透明宝石，共 16 粒，微镶；首饰造型美观，工艺精湛，款式经典，保存完好未见明显损坏。由于该宝石的外观既像单晶宝石中的红宝石又像玉石中的红玉髓，因此该客户的检测要求是：

　　1. 该红色石头是彩色单晶宝石中的红宝石还是玉石中的红玉髓？

　　2. 若该首饰是天然红宝石镶钻戒指，就出具该首饰的配套证书或检测报告；若该首饰是红宝石的仿制品或经过处理，则出具口头鉴定结果即可。

　　了解客户需求并填写接样单后，小 A 就应该开始对该首饰进行鉴定检测工作了。请帮小 A 想一想，该如何开展对该首饰的鉴定检测工作？

目标提示

知识目标

1. 了解单晶宝石的基本概念及特点。

2. 掌握各种单晶宝石的基本性质。

3. 掌握单晶宝石的品种及国家命名标准。

能力目标

1. 能够从外观上基本鉴别单晶宝石的种类。

2. 能够使用常规珠宝鉴定仪器鉴别单晶宝石并给出鉴定检测报告。

3. 能够对各类单晶宝石进行简单的质量评价。

素质目标

1. 养成珍惜、爱护标本及珠宝鉴定设备的习惯。

2. 培养学生诚信、严谨、认真、踏实的工作作风。

3. 培养学生的学习能力、团队合作能力与沟通表达能力。

教学手段

任务驱动、一体化、现场教学、分组教学

教学内容

任务1 碧玺的鉴定 →

🟤 任务提出

1. 以小组为单位,通过肉眼观察和仪器鉴定,完成碧玺的鉴定检测报告。
2. 能通过肉眼及仪器将碧玺与爆花晶区别开来。

🟤 相关知识

一、 碧玺的鉴定特征

1. 矿物名称及化学成分

碧玺的矿物学名称为电气石(Tourmaline),化学成分为较复杂的含硼的硅酸盐,晶体化学式可写作:$(Na, K, Ca)(Al, Fe, Li, Mg, Mn)_3(Al, Cr, Fe, V)_6(BO_3)_3(Si_6O_{18})(OH, F)_4$。

2. 晶体形态与晶面特征

碧玺为三方晶系矿物,晶体原石呈长柱状,多为三方柱或六方柱与三方单锥的聚形(图1-1-1)。晶体的横断面呈球面三角形,晶面上有密集排列的纵纹。由于化学成分的复杂性,部分晶体的上、中、下会出现两至三种不同的颜色;部分晶体会在晶体的内外出现不同的颜色(图1-1-2)。

图1-1-1 柱状碧玺晶体

3. 光学性质

(1) 颜色 碧玺的颜色丰富多彩,可呈红、绿、蓝、紫、黄、褐、黑等各种颜色,同一碧玺晶体内外或不同部位可呈现多种颜色。

图1-1-2 多色碧玺

(2) 光泽及透明度 玻璃光泽;透明至不透明。

(3) 光性 一轴晶,负光性。

(4) 折射率和双折射率 折射率为 1.624 ~ 1.644(+0.011,-0.009);双折射率为 0.018 ~ 0.040,常为 0.020。

(5) 多色性 中等至强的二色性,宝石体色越深,二色性越强。一般为红/黄红,蓝绿/黄绿等。

(6) 发光性 碧玺在紫外荧光灯下一般无荧光,色浅的粉红色碧玺在长、短波紫外线可能会有弱红至紫色的荧光。

(7) 吸收光谱 碧玺的颜色与晶体内微量过渡族元素有关,有些碧玺可呈现出吸收光谱,但不属于典型吸收光谱。

红色、粉红色碧玺在绿区有 1 个宽吸收带,有时可见绿区 525nm 窄带及蓝区 451nm、458nm 吸收线。

绿色和蓝色碧玺红区全吸收,在 498nm 处有强吸收带。

(8) 特殊光学效应 常见由较粗的平行排列的管状包裹体形成的猫眼效应,且猫眼效应效果较差。

4. 力学性质

（1）解理　无解理；贝壳状或不平坦状断口。

（2）硬度　摩氏硬度为 7~8。

（3）密度　密度为 3.06（+0.20，-0.06）g/cm^3，在 3.05 重液中悬浮或缓慢上升或下降。

5. 其他性质

碧玺具有热电性，受热时两端可产生电荷。带电后的碧玺可吸引灰尘、纸屑等微小物体，因此，碧玺又被称为"吸灰石"。

6. 放大检查

（1）流体包裹体　碧玺中常见不规则的线状、管状包体、扁平薄层状空穴气液包裹体，常被液体充填，有时可被少量铁质充填（图 1-1-3）。

此外，红碧玺中常见平行 C 轴的裂隙，平行裂隙可见镜面闪光。绿碧玺中可见均匀分布于整个宝石中的不规则丝状、撕扯状气液包体，称为毛晶（图 1-1-4）。

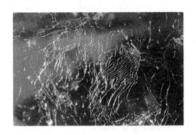

图 1-1-3　碧玺中的管状包体　　　　　图 1-1-4　碧玺中的毛晶

（2）刻面棱双影　琢磨成刻面型的碧玺放大检查常可见后刻面棱双影现象（双折率 DR≥0.02）。

　知识卡片 1-1-1　　　　**宝石的光性特征解释**

1. 几个需要了解的定义

各向同性：又称均质体，指光线在宝石的各个方向以相同速度通过。

各向异性：又称非均质体，指光线通过宝石时，分解成两条传播方向不同，振动方向互相垂直的偏振光。

光轴：各向异性的宝石（非均质体宝石）中不发生双折射的方向。

2. 宝石光性特征表

光性	光轴及数量	包含范围	折射率特征	
各向同性	无	等轴晶系宝石 非晶质体宝石	只有一个折射率值	
各向异性	一轴晶 （一个光轴）	三方晶系 四方晶系 六方晶系	有最大最小两个主折射率值 Ne、No，且 No 为常光折射率，始终不变	一轴晶正光性（U+） Ne > No
				一轴晶负光性（U-） Ne < No
	二轴晶 （二个光轴）	斜方晶系 单斜晶系 三斜晶系	有大、中、小三个主折射率值，分别用 Ng、Nm、Np 表示	二轴晶正光性（B+） Ng - Nm > Nm - Np
				二轴晶负光性（B-） Ng - Nm < Nm - Np

二、 碧玺的品种

1. 红色碧玺

粉红至红色碧玺的总称。其中，具有中度到深度色调、色彩饱和度高的深红和深粉红色、有时带些微的紫色调的碧玺，被称为卢比来碧玺（Rubellite，图1-1-5），卢比来碧玺是碧玺中最为珍贵的品种之一，早期曾被误认为是红宝石，与普通红碧玺不同的是，卢比来碧玺无论是在自然光或人造灯光下都保持一致的颜色。

2. 绿色碧玺

黄绿至深绿，以及蓝绿、棕绿色碧玺的总称。由铬离子致色的翠绿色碧玺常被称为铬碧玺，铬碧玺（图1-1-6）没有普通绿色碧玺的暗色调。

3. 蓝色碧玺

浅蓝至深蓝色碧玺的总称。其中最名贵的是巴西、莫桑比克、尼日利亚产出的绿蓝-蓝色调碧玺，因最早发现于巴西的帕拉伊巴州被称为帕拉伊巴碧玺（图1-1-7）。帕拉伊巴碧玺由铜离子致色，呈现明亮的、泳池般的、闪烁霓虹光的蓝色、绿蓝色。

图1-1-5　卢比来碧玺　　　　图1-1-6　铬碧玺　　　　图1-1-7　帕拉伊巴碧玺

4. 褐色、黄色碧玺

镁离子导致的浅褐色、褐色、绿褐色碧玺。

5. 黑碧玺

铁离子导致的黑色碧玺，一般不做宝石用。

6. 双色碧玺

在一个晶体上同时出现两种或三种颜色的碧玺，有些晶体表现出内红外绿，常被称为"西瓜碧玺"。

7. 碧玺猫眼

有猫眼效应的碧玺，常见绿色、红色、蓝色品种。

三、 碧玺与相似宝石的鉴别

碧玺的颜色丰富多样，从外观看易与多种有色宝石相混淆。红色碧玺与红宝石相似、绿色碧玺与绿色铬透辉石相似，各种颜色混合的碧玺珠串（图1-1-8）与萤石珠串（图1-1-9）、爆花晶珠串（染色水晶图1-1-10）相似。碧玺与相似宝石的具体鉴别方法见表1-1-1。

图1-1-8　碧玺珠串　　　　图1-1-9　萤石珠串　　　　图1-1-10　爆花晶珠串

表1-1-1 碧玺与相似宝石的鉴别

宝石名称	折射率（RI）	相对密度（SG）	摩氏硬度（Hm）	光性	其他鉴定特征
碧玺	1.624~1.644	3.06	7~8	U-	颜色浓郁，多色性强；双影 典型的扁平状气液包体
铬透辉石	1.675~1.701	3.29	5~6	B+	铬吸收谱；双影
红宝石	1.762~1.770	4.00	9	U-	强多色性；紫外灯下红色荧光；铬吸收谱
萤石	1.434	3.18	4	I	不喜光，光下颜色发暗；光泽弱
爆花晶	1.544~1.553	2.65	7	U+	可见明显炸裂纹；染料富集于裂纹中

四、 碧玺的优化处理

碧玺最常见的优化处理方式是热处理、浸无色油、充填处理。

1. 热处理（优化）

目的：改善碧玺的颜色，把暗色碧玺变成蓝色、蓝绿色，把棕色碧玺变成蓝色等。

稳定性：经热处理的碧玺颜色稳定，不可测。

2. 浸无色油（优化）

目的：改善碧玺外观，提高碧玺透明度。

鉴定方法：达表面的裂隙中呈无色或淡黄色反光；长波紫外光下无色油可呈黄绿色荧光。

3. 充填处理（处理）

目的：通过将树脂等材料充填到碧玺表面空洞裂隙来改善碧玺外观，提高碧玺的耐久性。

鉴定方法：放大检查可见表面光泽差异；裂隙或空洞偶见气泡；达表面裂隙处有"闪光效应"；热针可熔充填物。

 知识卡片1-1-2 //// GB/T 16552-2010《珠宝玉石名称》

> **1. 优化**：传统的、被人们广泛接受的、使珠宝玉石潜在的美显示出来的优化处理方法。
>
> 命名时直接使用珠宝玉石名称，可在相关质量文件中附注说明具体优化方法。
>
> **2. 处理**：非传统的、尚不被人们接受的优化处理方法。
>
> 1）在珠宝玉石基本名称处注明，如：扩散蓝宝石；蓝宝石（扩散）；蓝宝石（处理）。
>
> 2）不能确定是否经过处理的珠宝玉石，在名称中可不予表示。但应在相关质量文件中附注说明"可能经××处理"或"未能确定是否经××处理"。
>
> 3）经过多重方法处理的珠宝玉石按a或b进行定名。也可在相关质量文件中附注说明"××经人工处理"，如钻石（处理），附注说明"钻石颜色经人工处理"。
>
> 4）经处理的人工宝石可直接使用人工宝石基本名称定名。

🔮 任务实施

一、 准备工作

1. 了解碧玺的鉴定特征。

2. 了解碧玺与萤石、爆花晶、铬透辉石的鉴别方法。

3. 了解充填处理碧玺的鉴别特征。

4. 碧玺、萤石、爆花晶、铬透辉石、红宝石等宝石样品及鉴定仪器。

二、 实施步骤

1. 小组讨论制定鉴定方案并明确任务分配。

2. 指导教师进行鉴定演示

（未知宝石－碧玺－是否充填处理；未知宝石－不是碧玺－宝石品种？）。

3. 小组成员对拿到手的鉴定标本进行鉴定练习，有疑问要随时提出。

4. 小组讨论完成分配到手的宝石的鉴定检测报告。

三、 任务要求

1. 鉴定过程中要注意爱护仪器、管理好鉴定样品，不能丢失或混淆鉴定样品。

2. 主要鉴定过程要有照片或视频。

四、 任务考核

表 1-1-2　碧玺的鉴定过程考核标准

考 核 内 容		权重	考 核 标 准
基本素养		20%	能充分利用自主资源学习；听从指挥，服从安排，能与同学积极合作，具有团队合作精神。服装整洁、不穿拖鞋
鉴定过程（40%）	1. 仪器操作与保护	30%	鉴定仪器操作规范，使用正确。使用时避免损伤仪器，避免丢失、损坏标本
	2. 团队合作	5%	团队任务分配合理，团队成员参与度高
	3. 时间控制	5%	鉴定用时要合理，尽量快而准确
鉴定结果		40%	鉴定数值准确，结果清晰，鉴定报告规范

五、 常见问题及指导

为何碧玺在用偏光镜进行光性检查过程中出现黑十字和彩色色圈现象？

偏光镜在使用过程中利用干涉球可观察非均质体宝石的干涉图从而判断其轴性情况，有些碧玺样品在偏光镜下不用干涉球也能清楚地看到其干涉图。在观察中要注意将干涉图与宝石的明暗现象区分开。

六、 任务成果

简 明 检 验 报 告

NO.

样品原标名	样品	检验类别	委托检验
样品编号		接样地点	
检验要求	珠宝玉石检验	接样日期	年　月　日
委托单位	珠宝学院	检验小组	

（续）

检验依据	GB/T 16552－2010《珠宝玉石名称》、GB/T 16553－2010《珠宝玉石鉴定》		
检验项目汇总表	总质量（g）		其他特征		样品照片
	样品状态描述			
	颜色			
	光泽			
	折射率			
	双折射率			
	密度			
	紫外荧光	长波		
		短波		
	吸收光谱			
	光性特征			
	多色性			
	放大检查			
	其他检查			
检验结论			
备 注			

批准：_____　检验单位签章：

审核：_____

主检：_____　　　　　　　　　　　　　检验日期：　年 月 日

本报告仅对受检验样品负责，本报告复印、涂改、无签名无效。

知识拓展

表1-1-3 碧玺的质量评价

评价内容	评 价 及 标 准
颜色	颜色是评价碧玺优劣的最重要因素。深红色、玫瑰红色、湖绿蓝色（帕拉伊巴的颜色）是碧玺中最优质的颜色。普通绿色碧玺因为颜色较暗，相对来说价值低一些。总体来说，好的颜色要求鲜艳、纯正、分布均匀
净度	颜色相同的情况下，碧玺的净度越好，价格越高。裂隙和包体较多的碧玺通常做成圆珠的款式或是雕件
透明度	同等条件下透明度越高，碧玺品质越好
切工	规整，比例对称，抛光好为佳
主要产地	巴西、美国、中国、莫桑比克等。巴西产出优质红色、粉红色碧玺，莫桑比克产出帕拉伊巴

职业资格考试练习题

一、填空题

1. 电气石的化学成分类型是_____，属_____晶系，晶体原石常发育为_____，晶面具_____，密度为_____，折射率为_____，双折率为_____。

2. 碧玺的特征包裹体为_____。

3. 市场上与碧玺手串外观相似的爆花晶其实是_____，其典型鉴定特征是_____。

4. 深红色碧玺因颜色浓艳、饱和度高，与红宝石颜色相似，又被称为_____，是红色碧玺中较为贵重的品种。

5. 具有电光蓝、泳池蓝特征的蓝绿色碧玺主要产于_____、_____、_____，在市场上被称为_____。

二、是非题（是：Y，非：N）

1. 由于有广泛的类质同象替代，使碧玺有多种不同的颜色。（　　　）

2. 切割为刻面型的碧玺台面最好平行与光轴（C轴）。（　　　）

3. 碧玺因具有压电性，受到压力时晶体两端会产生电荷，能够吸附灰尘，因此又被称为"吸灰石"。（　　　）

4. 碧玺解理不发育，受到外力撞击时易形成贝壳状断口。（　　　）

5. 经过充填处理的碧玺应命名为碧玺（充填）。（　　　）

三、问答题

1. 简述绿色碧玺与铬透辉石的鉴别方法。

2. 碧玺原石应如何鉴别？

3. 如何区别由不同颜色的碧玺、萤石、爆花晶做成的圆珠手串？

4. 结合本次课任务中的碧玺讲讲如何对碧玺进行质量评价？

任务2 橄榄石的鉴定 →

任务提出

1. 以小组为单位，通过肉眼观察和仪器鉴定，完成橄榄石的鉴定检测报告。
2. 能通过肉眼及仪器将橄榄石与橄石、硼铝镁石、金绿宝石等相似宝石区别开来。

相关知识

一、橄榄石的鉴定特征

1. 矿物名称及化学成分

橄榄石的矿物学名称仍为橄榄石（Peridot），晶体化学式可写作：$(Mg，Fe)_2SiO_4$。

2. 晶体形态与晶面特征

橄榄石为斜方晶系矿物，晶体原石一般呈粒状、碎块状产出（图1-2-1），较少为完好的短斜方柱状（图1-2-2）。

图1-2-1 碎块状橄榄石晶体

图1-2-2 短柱状橄榄石晶体

3. 光学性质

（1）颜色 Fe导致的自色矿物，始终呈稳定的草绿色（略带黄的绿色，亦称橄榄绿，图1-2-3），含铁量越高，颜色越深。部分橄榄石偏黄色（呈绿黄色，图1-2-4），少量的有褐绿色，甚至绿褐色。

（2）光泽及透明度 玻璃光泽；透明至不透明。

（3）光性 二轴晶；光性可正可负。

（4）折射率和双折射率 折射率为1.654~1.690（±0.02）；双折射率为0.035~0.038，常为0.036。

图1-2-3 草绿色橄榄石

（5）多色性 多色性较弱，深绿色品种在二色镜下可见微弱的三色性，呈黄绿色/弱黄绿色/绿色。

（6）发光性 长短波紫外光下无荧光、无磷光。

（7）吸收光谱 典型的Fe吸收谱，分别位于蓝区453nm、477nm、蓝绿区497nm处三条吸收带（图1-2-5）。

图1-2-4 绿黄色橄榄石

（8）色散 中等程度色散，色散值为0.02，切磨质量高时，可见火彩。

4. 力学性质

（1）解理 可见｛010｝方向中等解

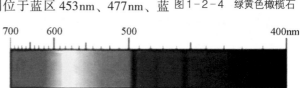

图1-2-5 橄榄石的吸收光谱图

理；贝壳状断口或不平坦状断口。

（2）硬度　摩氏硬度为 6.5～7。

（3）密度　密度为 3.34（+0.14，−0.07）g/cm³。

5. 其他性质

橄榄石可迅速与 HCL、HF 或浓、热 H_2SO_4 反应，不能用任何酸、碱溶液清洗。

6. 放大检查

（1）"睡莲叶状包裹体"　见于橄榄石中的包裹体，以铬铁矿晶体或负晶为中心，四周围绕圆形、扁圆形、荷叶形的气液包裹体或应力裂隙形成（图 1-2-6、图 1-2-7）。

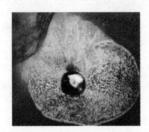 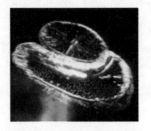

图 1-2-6　睡莲叶状包裹体　　　　　　　图 1-2-7　睡莲叶状包裹体

（2）固态包体　主要有铬铁矿、褐色至褐红色铬尖晶石、红褐色黑云母、铬透辉石、石墨、方解石等，还可见锆石晕。

（3）刻面棱双影　琢磨成刻面型的橄榄石放大检查可见后刻面棱双影现象。

知识卡片 1-2-1 ////　宝石的色散（火彩）

定　义	测　量	级　别	特　征	常见宝石举例
色散是白光被分解成光谱色的现象。当白光照射到透明刻面宝石时，因色散而使宝石呈现光谱色闪烁的现象称为火彩	宝石材料对红光（686.7nm）和紫光（430.8nm）两束单色光折射率的差值	高色散 DIS > 0.03	自然光下宝石火彩好	莫桑石 0.104；CZ 0.06；钻石 0.044
		中等色散 0.02 < DIS < 0.03	切磨质量高的宝石自然光下可见火彩	镁铝榴石 0.024；橄榄石 0.02
		低色散 DIS < 0.019	自然光下基本看不见火彩	刚玉 0.018；托帕石 0.014

二、橄榄石与相似宝石的鉴别

橄榄石以"特征的草绿色"、典型的"睡莲叶状包裹体"及明显的后刻面棱双影等特征较容易被鉴别出来。在单晶体宝石中，与橄榄石外观相似的宝石有金绿宝石、榍石、翠榴石、黄绿色玻璃，与橄榄石鉴定特征相似的宝石有硼铝镁石、铬透辉石。橄榄石与相似宝石的鉴别方法见表1-2-1。

表 1-2-1　橄榄石与相似宝石的鉴别

宝石名称	折射率（RI）	DR	SG	光性	其他鉴定特征
橄榄石	1.654～1.690	0.036（双影）	3.34	B+/−	特征的草绿色；"睡莲叶状包裹体"；蓝区 453、477、497nm 吸收线
金绿宝石	1.746～1.755	0.008−0.010	3.73	B+	柠檬黄色、颜色中常有褐色调；指纹状愈合裂隙/丝状物

（续）

宝石名称	折射率（RI）	DR	SG	光性	其他鉴定特征
榍石	1.900～2.034	0.100－0.135（双影）	3.52	B＋	黄色、绿色；切磨质量好时可见明显火彩；多色性明显；有时可见580nm双吸收线（稀土谱）
翠榴石	1.888	0	3.84	I	查尔斯滤色镜下呈红色；俄罗斯产的翠榴石可见马尾状包裹体；铬吸收谱；切磨质量好时可见明显火彩。
黄绿色玻璃	1.47～1.70	0	2.3～4.5	I	呈黄绿色、颜色过深；内部可见气泡、旋涡纹等；刻面棱圆滑
铬透辉石	1.675～1.701	0.024－0.030（双影）	3.29	B＋	铬吸收谱，放大检查可见双影
硼铝镁石	1.668～1.707	0.036－0.039（双影）	3.48	B－	褐绿色；蓝区493、475、463、452nm四条吸收线

 知识卡片1－2－2//// **GB/T 16552－2010《珠宝玉石名称》**

珠宝玉石

珠宝玉石是对天然珠宝玉石和人工珠宝玉石的统称，简称宝石。

天然珠宝玉石：由自然界产出，具有美观、耐久、稀少性，可加工成饰品的物质，分为天然宝石、天然玉石和天然有机宝石。

1. 天然宝石

由自然界产出，具有美观、耐久、稀少性，可加工成饰品的矿物单晶体。

2. 天然玉石

由自然界产出，具有美观、耐久、稀少性和工艺价值的矿物集合体，少数为非晶质体。

3. 天然有机宝石

由自然界生成，部分或全部由有机物质组成，可用于首饰及饰品的材料。

任务实施

一、 准备工作

1. 了解橄榄石的鉴定特征。

2. 了解橄榄石与硼铝镁石、榍石、黄绿色玻璃、金绿宝石、翠榴石等的鉴别方法。

3. 橄榄石、硼铝镁石、榍石、黄绿色玻璃、金绿宝石、翠榴石等宝石样品及鉴定仪器。

二、 实施步骤

1. 小组讨论制定鉴定方案并明确任务分配。

2. 指导教师进行鉴定演示

（未知宝石－橄榄石；未知宝石－不是橄榄石－宝石品种?）。

3. 小组成员对拿到手的鉴定标本进行鉴定练习，有疑问要随时提出。

4. 小组讨论完成分配到手的宝石的鉴定检测报告。

三、 任务要求

1. 鉴定过程中要注意爱护仪器、管理好鉴定样品，不能丢失或混淆鉴定样品。
2. 主要鉴定过程要有照片或视频。

四、 任务考核

表 1-2-2 橄榄石的鉴定过程考核标准

考核内容		权重	考核标准
基本素养		20%	能充分利用自主资源学习；听从指挥，服从安排，能与同学积极合作，具有团队合作精神。服装整洁、不穿拖鞋
鉴定过程（40%）	1. 仪器操作与保护	30%	鉴定仪器操作规范，使用正确。使用时避免损伤仪器，避免丢失、损坏标本
	2. 团队合作	5%	团队任务分配合理，团队成员参与度高
	3. 时间控制	5%	鉴定用时要合理，尽量快而准确
鉴定结果		40%	鉴定数值准确，结果清晰，鉴定报告规范

五、 常见问题及指导

如何找出橄榄石的后刻面棱双影？

由于双折率较大的原因，橄榄石放大检查可见后刻面棱双影现象。观察要点是从台面观察橄榄石亭部的棱线，略微转动橄榄石角度，看某一棱线是否是双影线。

六、 任务成果

简 明 检 验 报 告

NO.

样品原标名	样品	检验类别	委托检验	
样品编号		接样地点		
检验要求	珠宝玉石检验	接样日期	年 月 日	
委托单位	珠宝学院	检验小组		
检验依据	GB/T 16552-2010《珠宝玉石名称》、GB/T 16553-2010《珠宝玉石鉴定》			

检验项目汇总表	总质量（g）		其他特征		样品照片
	样品状态描述				
	颜色				
	光泽				
	折射率				
	双折射率				
	密度				
	紫外荧光	长波			
		短波			

（续）

检验项目汇总表	吸收光谱	
	光性特征	
	多色性	
	放大检查	
	其他检查	
检验结论		
备 注		

批准：_____
审核：_____
主检：_____

检验单位签章：

检验日期： 年 月 日

本报告仅对受检验样品负责，本报告复印、涂改、无签名无效。

知识拓展

表1-2-3 橄榄石的质量评价

评价内容	评 价 及 标 准
颜色	橄榄石的颜色以纯正绿色、色泽均匀、柔和为佳。色深、少黄色调者为上品，带黄色调的绿色价值降低，有褐色调的橄榄石价值较低
净度	橄榄石的透明度较好，一旦有包裹体将会十分明显。因此，一般首饰用的橄榄石基本没有太多包裹体，要求镜下无暇
切工	橄榄石一般切割成刻面型和随形（不规则粒状等），切磨质量佳者可显示明显火彩
克拉重量	因产出状况原因，切割好的橄榄石一般在3ct以下，3-10ct的橄榄石少见，因而价格较高，超过10ct的橄榄石比较罕见

职业资格考试练习题

一、填空题

1. 橄榄石的颜色为_____，色调主要随含_____多少而变化，含_____越高，颜色越深。

2. 橄榄石中典型的包裹体为_____。

3. 橄榄石属_____晶系，完好的晶形呈_____状。

4. 橄榄石折射率的变化范围为_____，其大小随_____的增大而增大，双折率为_____。

5. 橄榄石的三个等距吸收带为_____nm、_____nm、_____nm。

二、问答题

1. 简述橄榄石的鉴别方法。

2. 结合本次课任务中的橄榄石标本讲讲如何对橄榄石进行质量评价？

3. 橄榄石的主要产地有哪些？

4. 试图从外观上区分橄榄石与黄绿色玻璃、榍石、翠榴石、金绿宝石。

任务3　锆石的鉴定 →

任务提出

1. 以小组为单位，通过肉眼观察和仪器鉴定，完成锆石的鉴定检测报告。
2. 能通过肉眼及仪器将锆石与莫桑石区别开来。

相关知识

一、锆石的鉴定特征

1. 矿物名称及化学成分

锆石的矿物学名称仍为锆石（Zircon），晶体化学式可写作：$ZrSiO_4$，可含有微量放射性元素 U、Th 等。放射性元素会使锆石晶格受到破坏，导致其结晶程度降低，物理性质发生改变。

2. 晶体形态与晶面特征

按结晶程度可将锆石分为高、中、低三种类型，其中中、高型锆石为结晶态，属于四方晶系矿物，晶体原石常呈四方双锥状、柱状。低型锆石接近于非晶态。

3. 光学性质

（1）颜色　锆石最常见的颜色是经过热处理产生的无色、蓝色锆石，其他亦可见绿色、黄色、棕色、褐色、橙色、红色、紫色等颜色（图1-3-1、图1-3-2）。

图1-3-1　蓝色锆石

（2）光泽及透明度　抛光面为金刚光泽至玻璃光泽，断口为油脂光泽；透明至半透明。

（3）光性　中、高型锆石属于一轴晶，正光性；低型锆石接近非晶态。

（4）折射率和双折射率　折射率从高型至低型逐渐变小，高型锆石 $RI = 1.925 \sim 1.984$（± 0.040），$DR = 0.040 \sim 0.059$；中型锆石 $RI = 1.875 \sim 1.905$（± 0.030），$DR = 0.010 \sim 0.040$；低型锆石 $RI = 1.810 \sim 1.815$（± 0.030），双折率无至很小。

图1-3-2　绿色锆石

（5）多色性　热处理产生的蓝色锆石多色性强，呈蓝/棕黄至无色，其他颜色锆石的多色性一般不明显。

（6）发光性　锆石在紫外灯下一般无荧光，但有些具有很强的荧光，荧光颜色总带有不同程度的黄色调。

蓝色锆石长波下呈无至中的浅蓝色荧光，短波下无；红、橙红色锆石呈无至强的黄、橙色荧光；绿色锆石一般无荧光，棕、褐色锆石呈无至极弱的红色荧光。

（7）吸收光谱　"管风琴"状吸收光谱（可具 $2 \sim 40$ 多条吸收线，图1-3-3），诊断线为 653.5nm 吸收线。蓝色和无色的锆石只有 653.5nm 吸收线；绿色锆石可多达 40 条吸收线；红色和橙至棕色锆石无特征吸收线。

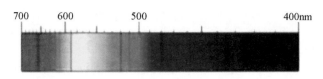

图1-3-3　锆石的"管风琴"状吸收光谱

（8）色散　强色散，色散值为0.038。

4. 力学性质

（1）解理　无解理；贝壳状断口；性脆，常见小面边角及棱有破损。散装的锆石在不够柔软的包装纸内会磨损棱线，称为"纸蚀"现象。

（2）硬度　高型锆石的摩氏硬度为7~7.5；低型锆石的摩氏硬度可低至6；中型锆石的摩氏硬度介于两者之间。

（3）密度　高型锆石密度为4.60~4.80g/cm³；中型锆石密度为4.10~4.60g/cm³；低型锆石密度为3.90~4.10g/cm³。

5. 放大检查

（1）高型锆石　后刻面重影十分明显（图1-3-4）；常具愈合裂隙形成的指纹状包裹体（图1-3-5）及各种矿物包体如磁铁矿、磷灰石、黄铁矿等。

（2）中低型锆石　常具平直或两个方向的角状色带，还可见少量絮状包体、云雾状包体。

图1-3-4　锆石的双影

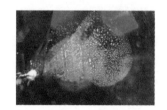

图1-3-5　锆石中的指纹状包裹体

知识卡片1-3-1　**不同结晶程度的锆石**

品种	结晶程度	颜　　色	物理性质
高型锆石	受辐射少，是用作宝石的主要品种	深黄色、褐色、深红褐色，经热处理可变成无色、蓝色或金黄色	较高的折射率、双折射率、密度和硬度
中型锆石	结晶程度介于高型锆石和低型锆石之间	黄绿色、绿黄色、褐绿色、绿褐色，深浅不一，主要呈现黄色和褐色的色调	物理性质介于高型锆石和低型锆石之间
低型锆石	结晶程度低、晶格变化大，接近于非晶体	绿色、灰黄色、褐色等	折射率、双折射率、密度和硬度均较低

二、锆石与人工宝石的鉴别

无色锆石是市场上较常见的锆石品种之一，早期作为钻石的仿制品销售。因易于鉴别，现已经很少作为钻石仿制品出现。市面上与无色锆石相似的主要是一些人工宝石，如合成立方氧化锆（CZ）、合成碳硅石（莫桑石）、YAG（人造钇铝榴石）、GGG（人造钆镓榴石）等。锆石与人工宝石的具体鉴别方法见表1-3-1。

表1-3-1 无色锆石与人工宝石的鉴别

宝石名称	RI	光性	SG	色散值	其他鉴定特征
锆石	1.925~1.984	U+	4.60~4.80	0.039	653.5nm 特征；刻面棱双影；指纹状包裹体
CZ	2.15~2.18	I	5.6~6.0	0.060	LW 下中至强的黄色荧光；内部洁净；火彩明显
莫桑石	2.65~2.69	U+	3.22	0.104	刻面棱双影；白线状细长管状物；气泡等
YAG	1.833	I	4.58	0.028	内部洁净，偶见气泡
GGG	1.970	I	7.05	0.045	可见气泡、三角形板状金属包体，气液包体

知识卡片1-3-2 //// GB/T 16552-2010《珠宝玉石名称》

人工宝石

完全或部分由人工生产或制造用作首饰及饰品的材料（单纯的金属材料除外），分为合成宝石、人造宝石、拼合宝石和再造宝石。

1. 合成宝石

完全或部分由人工制造且自然界有已知对应物的晶体、非晶体或集合体，其物理性质、化学成分和晶体结构与所对应的天然珠宝玉石基本相同。

2. 人造宝石

由人工制造且自然界无已知对应物的晶体、非晶体或集合体。

3. 拼合宝石

由两块或两块以上材料经人工拼合而成，且给人以整体印象的珠宝玉石。

4. 再造宝石

通过人工手段将天然珠宝玉石的碎块或碎屑熔接或压接成具整体外观的珠宝玉石。

任务实施

一、准备工作

1. 了解锆石的鉴定特征。
2. 了解锆石与莫桑石、CZ、YAG、GGG 的鉴别方法。
3. 锆石、莫桑石、CZ、YAG、GGG 等宝石样品及鉴定仪器。

二、实施步骤

1. 小组讨论制定鉴定方案并明确任务分配。
2. 指导教师进行鉴定演示

（未知宝石－锆石；未知宝石－不是锆石－宝石品种?）。

3. 小组成员对拿到手的鉴定标本进行鉴定练习，有疑问要随时提出。
4. 小组讨论完成分配到手的宝石的鉴定检测报告。

三、任务要求

1. 鉴定过程中要注意爱护仪器、管理好鉴定样品，不能丢失或混淆鉴定样品。
2. 主要鉴定过程要有照片或视频。

四、 任务考核

表 1-3-2 锆石的鉴定过程考核标准

考 核 内 容		权重	考 核 标 准
基本素养		20%	能充分利用自主资源学习；听从指挥，服从安排，能与同学积极合作，具有团队合作精神。服装整洁、不穿拖鞋
鉴定过程（40%）	1. 仪器操作与保护	30%	鉴定仪器操作规范，使用正确。使用时避免损伤仪器，避免丢失、损坏标本
	2. 团队合作	5%	团队任务分配合理，团队成员参与度高
	3. 时间控制	5%	鉴定用时要合理，尽量快而准确
鉴定结果		40%	鉴定数值准确，结果清晰，鉴定报告规范

五、 常见问题及指导

1. 如何从外观上快速鉴别无色锆石与无色 CZ?

学习观察宝石的火彩，在切磨质量、宝石大小都相近的情况下，利用自然光判断锆石与 CZ 的火彩情况。CZ 属于高色散宝石，火彩程度要远远明显于锆石。观察两者的火彩，并识记二者火彩的差异，以提高鉴定经验。

2. 市场上的锆石指的是天然宝石中的锆石还是 CZ?

CZ 是合成立方氧化锆，是人工在实验室合成的宝石。一般市面上商家称之为立锆或锆石。但要注意这种"锆石"与天然锆石是完全不同的两个品种，价格也存在较大的差异。所以在购买时要问清楚是天然锆石还是 CZ 立锆。

六、 任务成果

简 明 检 验 报 告

NO.

样品原标名		样品		检验类别		委托检验	
样品编号				接样地点			
检验要求		珠宝玉石检验		接样日期		年　月　日	
委托单位		珠宝学院		检验小组			
检验依据		GB/T 16552-2010《珠宝玉石名称》、GB/T 16553-2010《珠宝玉石鉴定》					
检验项目汇总表	总质量（g）			其他特征		样品照片	
	样品状态描述						
	颜色						
	光泽						
	折射率						
	双折射率						
	密度						
	紫外荧光	长波					
		短波					

（续）

检验项目汇总表	吸收光谱	
	光性特征	
	多色性	
	放大检查	
	其他检查	
检验结论		
备 注		
批准：_____	检验单位签章：	
审核：_____		
主检：_____		检验日期： 年 月 日

本报告仅对受检验样品负责，本报告复印、涂改、无签名无效。

知识拓展

表1-3-3　锆石的质量评价

评价内容	评 价 及 标 准
颜色	锆石中最流行的颜色是无色和蓝色，其中以蓝色的价值最高。蓝色锆石常带有绿色色调，比较接近海蓝宝石。无色锆石应是不带任何杂色的为佳
净度	无瑕疵的锆石供应量较大，所以对锆石内部净度的要求也很高。无色和蓝色的锆石评价要求为肉眼观察无瑕疵。特别要注意观察样品刻面棱线有无磨损，有磨损的锆石因为要重新抛光价值要下降很多
切工	能体现整体明亮效果且台面未见明显双影的锆石切工较佳
克拉重量	颜色好的大颗粒的（10ct）锆石少见

职业资格考试练习题

一、填空题

1. 红色的锆石在市场上被称为_____。

2. 锆石按照结晶程度可分为_____、_____、_____。

3. 蓝色锆石和无色锆石属于_____，主要是由越南的红褐色锆石原料经过_____而产生的蓝色和无色。

4. 锆石的硬度较大，但是由于其较强的_____，仍然能够被不够柔软的包装纸磨损，这种现象称之为_____。

5. 高型锆石的双折率为_____，色散值为_____。

二、问答题

在斯里兰卡购买的"杂宝"中，常是锆石、金绿宝石、蓝宝石、尖晶石、石榴石、橄榄石、碧玺、绿柱石等宝石混杂在一起，想想该如何将锆石从这些宝石中鉴定出来？

任务 4 　红宝石的鉴定 →

1. 以小组为单位，通过肉眼观察和仪器鉴定，完成红宝石的鉴定检测报告。
2. 通过显微特征观察判断红宝石的产地。

一、 红宝石的鉴定特征

1. 矿物名称及化学成分

红宝石的矿物学名称为刚玉（Corundum），化学成分为铝的氧化物（Al_2O_3），因化学成分中混入微量的杂质元素 Cr 而致色。

2. 晶体形态与晶面特征

红宝石为三方晶系矿物，常呈腰鼓状、桶状、短柱状晶体，柱面上常有较粗的横纹（图 1-4-1）。

3. 光学性质

（1）颜色　各种红色色调，浅红～深红、橙红、粉红、紫红、玫瑰红等。颜色浓郁、柔和、分布不均匀（图 1-4-2）。

图 1-4-1　红宝石晶体

（2）光泽及透明度　抛光表面具亮玻璃光泽至亚金刚光泽；透明至不透明。

（3）光性　一轴晶，负光性。

（4）折射率和双折射率　折射率为 1.762～1.770（+0.009，-0.005）；双折射率值为 0.008～0.010。

（5）多色性　深红色/浅红色，红色/橙红色，紫红色/褐红色，玫瑰红色/粉红色；多色性强弱受体色影响。

图 1-4-2　红宝石

（6）发光性　长波紫外线下红宝石可具弱至强的红色荧光，短波紫外线下可具微弱至中等红色的荧光。同一样品的长波紫外荧光强度大于短波紫外荧光强度。

（7）吸收光谱　红宝石具有 694nm、692nm、668nm、659nm 吸收线，620～540nm，476nm、475nm 强吸收线，468nm 的弱吸收线；紫区全吸收（图 1-4-3）。

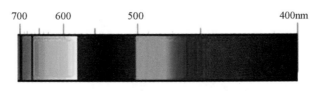

图 1-4-3　红宝石的吸收光谱

4. 力学性质

(1) 解理　红宝石解理不发育，常发育菱面体及底面裂理。

(2) 硬度　红宝石的摩氏硬度为9。

(3) 密度　红宝石的密度为4.00（+0.10，-0.05）g/cm³。

5. 内外部显微特征

红宝石可含有丰富的固态包体、气液两相包体及特征的生长结构（双晶纹等）（图1-4-4、图1-4-5）。

图1-4-4　红宝石中的金红石针包体　　　　　　　图1-4-5　双晶纹

知识卡片1-4-1 //// 红宝石的主要产地及鉴定特征

产　地	颜　色	固态包体	流体包体及双晶
缅甸	鲜艳的玫瑰红-红色、鸽血红，颜色分布不均匀，常呈浓淡不一的絮状、团块状，在整体范围内表现出具流动特点的漩涡状（糖蜜状）构造	短金红石针3组成60°相交	抹谷矿区红宝石可见一组"百叶窗"双晶
泰国	颜色较深，透明度较低，多成浅棕红色至暗红色，颜色较均匀，色带不发育	几乎缺失金红石包体。具有丰富的灰白色、细长的针状水铝矿包体，三组直角相交形成鹰架状图案	"煎蛋"状流体包体。双晶发育，常见2组
斯里兰卡	颜色柔和，几乎包括浅红至红的一系列中间过渡颜色，透明度高。色带发育	细长、呈丝状、相对稀疏且分布均匀的金红石针包体；周围伴有盘状裂隙的无色锆石包体	丰富的定向排列的流体包体，呈清晰的指纹状、网状等
莫桑比克	颜色分布均匀、纯正，与缅甸红宝石颜色接近。晶体颗粒大，透明度高，净度较好	较粗的，长短不一的，以60°或120°定向排列的金红石针包体	次生愈合裂隙垂直C轴呈环状分布

二、 合成红宝石的鉴定特征

市面上合成红宝石主要采用焰熔法、助溶剂法、水热法，合成红宝石的折射率、密度、硬度等物理参数与天然红宝石基本相同，主要采取观察显微特征的方式鉴别合成红宝石，合成红宝石的鉴别方法见表1-4-1。

表1-4-1　合成红宝石的鉴定特征

合成方法	合成红宝石总体特征	合成星光红宝石总体特征	不同合成方法的内部特征
焰熔法	颜色过于纯正鲜艳、均匀，台面易见二色性，紫外灯下发光性强于天然红宝石	星线浮于宝石表面，星线较细且均匀，清晰明亮，较规则，基本无缺失，位置居中，星光交汇处无宝光	弧形生长纹；球形、长形、蝌蚪状气泡
助溶剂法			浅黄色、橙红色，不透明的，树枝状、栅栏状、指纹状等助溶剂残余；三角形、六边形铂金片
水热法			锯齿状、波纹状、树枝状的生长纹；种晶片；金黄色金属片等

 知识卡片1-4-2 //// GB/T 16552-2010《珠宝玉石名称》定名规则

1. 天然宝石

直接使用天然宝石基本名称或其矿物名称。无需加"天然"二字。

1）产地不参与定名，如"南非钻石""缅甸蓝宝石"。

2）禁止使用两种天然宝石的名称组合在一起使用，如红宝石尖晶石，变石猫眼除外。

3）禁止使用含混不清的商业名称，如蓝晶、绿宝石、半宝石。

2. 合成宝石

必须在所对应的天然珠宝玉石名称前加"合成"二字。

1）禁止使用生产商、制造商的名称直接定名，如"林德"祖母绿。

2）禁止使用易混淆或含混不清的名称定名，如"鲁宾石"、红刚玉、合成品。

3. 星光效应

在珠宝玉石基本名称前加"星光"二字。

具有星光效应的合成宝石，在所对应天然珠宝玉石基本名称前加"合成星光"四字。

任务实施

一、 准备工作

1. 了解红宝石与合成红宝石的鉴定特征；了解红宝石主要的产地特征。

2. 根据红宝石、合成红宝石的鉴定特征选择鉴定仪器。

3. 红宝石、合成红宝石、不同产地红宝石标本及宝石鉴定仪器。

二、 实施步骤

1. 小组讨论制定鉴定方案并明确任务分配。

2. 指导教师进行鉴定演示。

（未知宝石-红宝石-合成红宝石；未知宝石-红宝石-天然红宝石-产地?）。

3. 小组成员对拿到手的鉴定标本进行鉴定练习，有疑问要随时提出。

4. 小组讨论完成分配到手的宝石的鉴定检测报告。

三、 任务要求

1. 鉴定过程中要注意爱护仪器、管理好鉴定样品，不能丢失或混淆鉴定样品。

2. 主要鉴定过程要有照片或视频。

3. 任务过程中遇到困难要及时和指导教师沟通。

四、任务考核

表1-4-2　红宝石的鉴定过程考核表

考 核 内 容		权重	考 核 标 准
基本素养		20%	能充分利用自主资源学习；听从指挥，服从安排，能与同学积极合作，具有团队合作精神。服装整洁、不穿拖鞋
鉴定过程（40%）	1. 仪器操作与保护	30%	鉴定仪器操作规范，使用正确。使用时避免损伤仪器，避免丢失、损坏标本
	2. 团队合作	5%	团队任务分配合理，团队成员参与度高
	3. 时间控制	5%	鉴定用时要合理，尽量快而准确
鉴定结果		40%	鉴定数值准确，结果清晰，鉴定报告规范

五、常见问题及指导

1. 红宝石在用正交偏光镜进行光性检查过程中转动360°出现全亮现象，为什么？

红宝石是非均质体宝石，正交偏光镜下转动红宝石360°现象为四明四暗。当红宝石聚片双晶发育时，可出现全亮现象。

2. 在什么情况下测得刻面型红宝石折射率值为1.760/1.789？

测试刻面型红宝石折射率值时，能测到两个折射率值，其范围在1.762～1.770之间，并且折射率值较低的阴影线会动。1.789是折射油的折射率值，容易被误读为红宝石的折射率值。

六、任务成果

简 明 检 验 报 告

NO.

样品原标名	样品	检验类别	委托检验		
样品编号		接样地点			
检验要求	珠宝玉石检验	接样日期	年 月 日		
委托单位	珠宝学院	检验小组			
检验依据	GB/T 16552－2010《珠宝玉石名称》、GB/T 16553－2010《珠宝玉石鉴定》				
检验项目汇总表	总质量（g）		其他特征		样品照片
	样品状态描述				
	颜色				
	光泽				
	折射率				
	双折射率				
	密度				
	紫外荧光	长波			
		短波			

（续）

检验项目汇总表	吸收光谱	
	光性特征	
	多色性	
	放大检查	
	其他检查	
检验结论		
备　注		

批准：_____	检验单位签章：
审核：_____	
主检：_____	检验日期：　　年　月　日

本报告仅对受检验样品负责，本报告复印、涂改、无签名无效。

知识拓展

表1-4-3　红宝石的质量评价

评价内容	评　价　及　标　准
颜色	红宝石最好的颜色称之为鸽血红，像鸽子血一样纯正、均匀。带有色带或肉眼可见的色斑、色眼可见明显的多色性都会降低红宝石的品质
净度	红宝石是典型的包体较多的彩色宝石。一般对红宝石的净度要求相对较低，当红宝石内部瑕疵的大小、数量、位置、严重影响宝石透明度时，将降低红宝石的品质
透明度	同等条件下透明度越高，红宝石品质越好
切工	红宝石最常见的切磨形状是椭圆刻面型。切工比例合理的情况下对其品质影响不大
克拉重量	2 克拉以上的红宝石具有收藏价值（2016 年）

职业资格考试练习题

一、填空题

1. 红宝石具有典型的_____吸收谱，_____区有若干条吸收线，橙黄区_____nm 处有一宽的吸收带，_____区全吸收。

2. 缅甸红宝石因含有丰富的_____元素而具有鲜艳的玫瑰红色 – 红色，品质最好，被誉为_____，其内部的丝状_____包体可使宝石颜色更加柔和。

3. 水热法合成红宝石普遍具有明显的内部生长纹，常呈 _____状，_____状。

4. 合成星光红宝石的特点有_____、_____、_____等。

5. 红宝石可出现 12 射星光的原因是_____。

6. 焰熔法合成红宝石一般有较强的_____吸收谱。

7. 泰国红宝石的产地鉴定依据是其包裹体为_____，几乎不含金红石，无星光效应。泰国红宝石流体包裹体形成的典型_____图案，也是产地鉴定依据。

二、是非题（是：Y，非：N）

1. 红宝石的多色性以垂直台面观察结果较为准确。（　　）

2. 缅甸红宝石中很少见固态包体，流体包体异常丰富。（　　）

3. 斯里兰卡红宝石内的金红石包体与缅甸红宝石的金红石包裹体比较更细长，呈丝状，分布均匀。（　　）

4. 红宝石中蓝区 468nm 和 475nm 的吸收线与 Cr 有关。（　　）

5. 缅甸红宝石颜色往往分布不均匀，常呈浓淡不一的絮状、团块状，在整体范围内表现出一种具流动特点的旋涡状，也称糖蜜状构造。（　　）

6. 斯里兰卡红宝石往往透明度较高且色带发育。（　　）

7. 红宝石常发育平行底面的解理。（　　）

三、问答题

1. 对比焰熔法、水热法、助溶剂法合成红宝石的包体特征。

2. 红宝石质量评价的要点有哪些？

3. 如何区别由红宝石、红色玻璃、红色尖晶石、红色石榴石以及红色碧玺制成的小圆珠？

任务 5　蓝宝石的鉴定 →

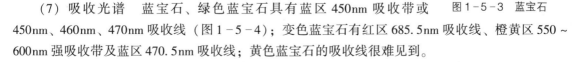

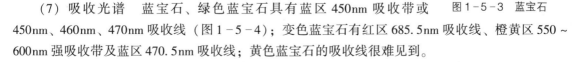**任务提出**

1. 以小组为单位，通过肉眼观察和仪器鉴定，完成蓝宝石的鉴定检测报告。
2. 通过肉眼及仪器将蓝宝石与坦桑石、堇青石、尖晶石区别开。

相关知识

一、蓝宝石的鉴定特征

1. 矿物名称及化学成分

蓝宝石的矿物学名称为刚玉（Corundum），化学成分为铝的氧化物（Al_2O_3），因化学成分中混入微量的杂质元素 Fe、Ti 而呈现蓝色，其他颜色的蓝宝石是由于 Fe、Cr、Ti、Ni、V 等微量杂质元素综合作用导致的。

2. 晶体形态与晶面特征

蓝宝石为三方晶系矿物，常呈腰鼓状、桶状、短柱状晶体，柱面上常有较粗的横纹。（图 1-5-1）

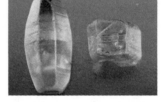

图 1-5-1　蓝宝石晶体

3. 光学性质

（1）颜色　除了红色调以外的刚玉宝石都统称为蓝宝石，包括蓝色、紫色、绿色、黄色等（图 1-5-2、1-5-3）。一般蓝色蓝宝石直接称为蓝宝石，其他颜色蓝宝石可称为绿色蓝宝石、黄色蓝宝石等。

（2）光泽及透明度　抛光表面具亮玻璃光泽至亚金刚光泽；透明至不透明。

（3）光性　一轴晶，负光性。

（4）折射率和双折射率　1.762～1.770（+0.009，-0.005），双折射率值为 0.008～0.010。

图 1-5-2　黄色蓝宝石

（5）多色性　二色性明显。蓝宝石的二色性一般为深紫蓝色/蓝色、蓝色/浅蓝色、蓝色/蓝绿色、蓝色/灰蓝色；黄色蓝宝石的二色性一般为：金黄色/黄色、橙黄色/浅黄色、浅黄色/无色。

（6）发光性　蓝宝石一般无荧光，斯里兰卡的一些黄色蓝宝石可具杏黄或橙黄色荧光。

图 1-5-3　蓝宝石

（7）吸收光谱　蓝宝石、绿色蓝宝石具有蓝区 450nm 吸收带或 450nm、460nm、470nm 吸收线（图 1-5-4）；变色蓝宝石有红区 685.5nm 吸收线、橙黄区 550～600nm 强吸收带及蓝区 470.5nm 吸收线；黄色蓝宝石的吸收线很难见到。

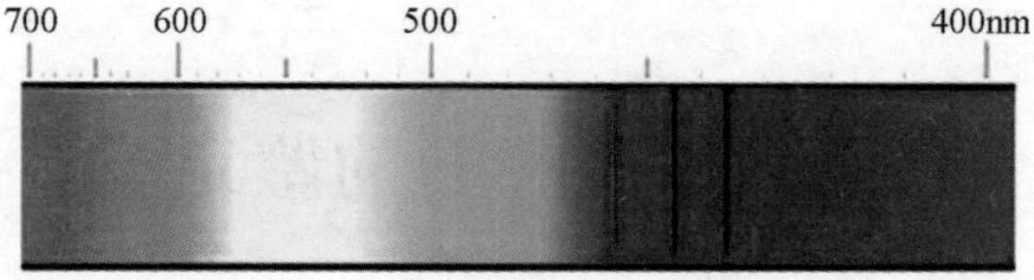

图 1-5-4 蓝宝石吸收光谱

4. 力学性质

（1）解理　解理不发育，常发育菱面体及底面裂理。

（2）硬度　蓝宝石的莫氏硬度为9。

（3）密度　蓝宝石的密度为4.00（+0.10，-0.05）g/cm^3，我国山东深蓝色蓝宝石密度可达4.17g/cm^3（含铁量较大导致）。

5. 内外部显微特征

可含有丰富的固态包体、气液两相包体及特征的生长结构（双晶纹等）。

知识卡片1-5-1　蓝宝石的主要产地及鉴定特征

产　地	颜　色	固态包体	流体包体及双晶
缅甸	纯正的浅蓝至深蓝的各种颜色，色带不发育	水铝矿和金红石相伴而生的丝状包裹体	流体包体呈"褶曲"状或"撕裂"状；双晶发育
泰国	透明度较低，颜色较深，主要呈蓝色、略带紫色调的蓝色、灰蓝色；常见发育完好的六边形色带	八面体状红色铀烧绿石；无色他形粒状斜长石；三向排列的薄片状赤铁矿；三向排列的金红石针等	"煎蛋"状流体包体
斯里兰卡	颜色丰富，透明度高；出产帕德玛蓝宝石（具有高品质亮度和饱和度的粉橙色蓝宝石）	细长、呈丝状、相对稀疏且分布均匀的金红石针包体；断面破裂的长方形空晶	丰富的定向排列的流体包体，呈清晰的指纹状、网状等
克什米尔	矢车菊蓝：朦胧的略带紫色色调的浓重的蓝色，给人以天鹅绒般的外观；颜色不均匀	自形柱状电气石包体；线状、雪花状、云雾状聚集的微粒包体	"指纹状"流体包体
澳大利亚	透明度较低的深蓝色、黑蓝色，比泰国蓝宝石颜色更深；六边形色带十分发育	一般较干净，可出现少量赤铁矿等包体	少量流体包体
中国山东	透明度比澳大利亚蓝宝石更低；呈灰蓝、绿蓝、紫蓝至蓝黑色。平直或六边形色带发育	种类多，数量少，成品宝石内部一般较干净	不规则串珠状、指纹状、羽状

二、 合成蓝宝石的鉴定特征

蓝宝石与红宝石是矿物刚玉的两个不同品种，因致色离子不同而导致物理性质上不大的差异，市场上常称其为"姐妹宝石"。蓝宝石的合成方法与红宝石一样，主要采用焰熔法、助溶剂法、水热法，合成蓝宝石的鉴别方法见表 1－5－1。

表 1－5－1　合成蓝宝石的鉴定特征

合成方法	合成蓝宝石总体特征	合成星光蓝宝石总体特征	不同合成方法的内部特征
焰熔法	颜色过于纯正鲜艳、均匀，台面易见二色性；短波紫外灯下具有弱至强的粉红色、黄绿色、棕绿色荧光	星线浮于宝石表面，星线较细且均匀，清晰明亮，较规则，基本无缺失，位置居中，星光交汇处无宝光	弧形生长纹；球形、长形、蝌蚪状气泡
助溶剂法			浅黄色、橙红色，不透明的，树枝状、栅栏状、指纹状等助溶剂残余；三角形、六边形铂金片
水热法			锯齿状、波纹状、树枝状的生长纹；种晶片；金黄色金属片等

知识卡片 1－5－2 //// GB/T 16552 －2010《珠宝玉石名称》

特殊光学效应

在可见光的照射下，珠宝玉石的结构、构造对光的折射、反射、衍射等作用所产生的特殊的光学现象。

1. 猫眼效应

在平行光线照射下，以弧面型切磨的某些珠宝玉石表面呈现的一条明亮光带，随珠宝玉石或光线的转动而移动的现象。

2. 星光效应

在平行光线照射下，以弧面型切磨的某些珠宝玉石表面呈现出两条或两条以上交叉亮线的现象。常呈四射或六射星线，分别称为四射星光或六射星光。

3. 变色效应

在不同的可见光光源照射下，珠宝玉石呈现明显颜色变化的现象。常用的光源为日光灯和白炽灯两种光源。

三、蓝宝石与相似宝石的鉴别

外观上与蓝宝石相似的天然宝石有坦桑石、堇青石和蓝色尖晶石。蓝宝石与相似宝石的鉴别方法见表 1－5－2。

表 1－5－2　蓝宝石与相似宝石的鉴别

宝石名称	RI	Hm	SG	光性	多色性	荧光	其他鉴定特征
蓝宝石	1.762～1.770	9	4.00	U－	强	无	颜色浓郁、深沉、不均匀，常见色带
坦桑石	1.691～1.700	6～7	3.35	B＋	强	无	颜色更为湛蓝，从某一方向可以看见紫红色；净度较蓝宝石要好
堇青石	1.542～1.551	7～7.5	2.61	B±	强	无	肉眼可见多色性，多色性中可见黄色调
尖晶石	1.718	8	3.60	I	无	无	天然蓝色尖晶石很少有纯正的蓝色调，一般呈绿蓝色、灰蓝色；常见八面体串珠状尖晶石包裹体

任务实施

一、 准备工作

1. 了解蓝宝石与合成蓝宝石的鉴定特征。

2. 了解蓝宝石与堇青石、坦桑石、尖晶石的鉴别方法。

3. 蓝宝石、合成蓝宝石、堇青石、坦桑石标本及宝石鉴定仪器。

二、 实施步骤

1. 小组讨论制定鉴定方案并明确任务分配。

2. 指导教师进行鉴定演示。

（未知宝石－蓝宝石－是否合成？未知宝石－不是蓝宝石－宝石品种）。

3. 小组成员对拿到手的鉴定标本进行鉴定练习，有疑问要随时提出。

4. 小组讨论完成分配到手的宝石的鉴定检测报告。

三、 任务要求

1. 鉴定过程中要注意爱护仪器、管理好鉴定样品，不能丢失或混淆鉴定样品。

2. 主要鉴定过程要有照片或视频。

3. 任务过程中遇到困难要及时和指导教师沟通。

4. 鉴定过程中要注意对宝石样品外观的观察。

四、 任务考核

表1-5-3 蓝宝石的鉴定过程考核表

考 核 内 容		权重	考 核 标 准
基本素养		20%	能充分利用自主资源学习；听从指挥，服从安排，能与同学积极合作，具有团队合作精神。服装整洁、不穿拖鞋
鉴定过程（40%）	1. 仪器操作与保护	30%	鉴定仪器操作规范，使用正确。使用时避免损伤仪器，避免丢失、损坏标本
	2. 团队合作	5%	团队任务分配合理，团队成员参与度高
	3. 时间控制	5%	鉴定用时要合理，尽量快而准确
鉴定结果		40%	鉴定数值准确，结果清晰，鉴定报告规范

五、 常见问题及指导

1. 某些蓝宝石在用偏光镜进行光性检查过程中看不见消光现象，而是出现彩色干涉色，为什么？

蓝宝石是一轴晶非均质体宝石，同某些碧玺在偏光镜下的现象相同，此时不能准确观察到样品的消光现象，需要借助干涉球观察宝石的干涉图。若借助干涉球可见由黑十字和干涉色圈构成的一轴晶干涉图，亦可说明偏光镜的检测结果。

2. 甲同学在测定某切工较好的刻面型蓝宝石的折射率时，发现从折射仪目镜窗口能看见好几条阴影线，却无法判断该样品的折射率值，为什么？

由于蓝宝石的折射率较高，在切工较好的情况下，测定折射率时如果折射油的量不恰当就会出现这种情况，其他宝石亦然。此时，应将宝石样品从折射仪上拿下，重新滴折射油（尽量少滴一些），就会解决这种情况。

六、　任务成果

简 明 检 验 报 告

NO.

样品原标名	样品	检验类别	委托检验	
样品编号		接样地点		
检验要求	珠宝玉石检验	接样日期	年　月　日	
委托单位	珠宝学院	检验小组		
检验依据	GB/T 16552－2010《珠宝玉石名称》、GB/T 16553－2010《珠宝玉石鉴定》			
检验项目汇总表	总质量（g）		其他特征		样品照片
	样品状态描述				
	颜色				
	光泽				
	折射率				
	双折射率				
	密度				
	紫外荧光	长波			
		短波			
	吸收光谱				
	光性特征				
	多色性				
	放大检查				
	其他检查				
检验结论				
备　注				

批准：_____　　检验单位签章：

审核：_____

主检：_____　　　　　　　　　　　　　　　　　检验日期：　年　月　日

本报告仅对受检验样品负责，本报告复印、涂改、无签名无效。

知识拓展

表1-5-4 蓝宝石的质量评价

评价内容	评价及标准
颜色	
净度	1. 市场上最好的蓝宝石品种被称之为"皇家蓝"蓝宝石,这种蓝宝石颜色纯正、浓郁,从台面看颜色均匀;净度高;切工好;内部可见"反火"
透明度	2. 与红宝石相比,蓝宝石的净度更高,颗粒更大。因此,对蓝宝石的净度要求比红宝石高,几克拉至几十克拉的蓝宝石也比红宝石多
切工	
克拉重量	

职业资格考试练习题

一、填空题

1. 蓝宝石的最好颜色称之为_____,产自_____。

2. 刚玉矿物的宝石品种有_____、_____两种。

3. 中国山东蓝宝石中微量元素_____比例过高,其颜色表现为过深的颜色。

4. 蓝宝石的吸收光谱为蓝区_____ nm、_____ nm、_____ nm 三条吸收线,我国山东产的蓝宝石这一特征明显。

5. 蓝宝石之所以具有变色效应是因为含有微量的_____元素。

二、是非题(是:Y,非:N)

1. 刚玉族宝石属于六方晶系,常见的单形有六方柱、六方双锥以及平行双面等。(   )

2. 色带发育是蓝宝石的鉴别特征之一。(   )

3. 帕德玛又称"莲花刚玉",是一种具有高饱和度的粉橙色蓝宝石,主要产自斯里兰卡和越南。(   )

4. 蓝宝石只有在蓝区才能观察到吸收线。(   )

5. 蓝宝石与堇青石都具有较强的多色性,因此用二色镜无法区别蓝宝石与堇青石。(   )

三、问答题

1. 结合本次鉴定任务中的样品对蓝宝石进行质量评价。

2. 如何鉴别大小相同的刻面型蓝宝石与尖晶石、堇青石、坦桑石,写出具体的鉴别步骤?

3. 合成蓝宝石的鉴别特征有哪些?

任务 6　尖晶石的鉴定 →

任务提出

1. 以小组为单位，通过肉眼观察和仪器鉴定，完成尖晶石的鉴定检测报告。
2. 能通过肉眼及仪器将尖晶石与合成尖晶石鉴别出来。

相关知识

一、尖晶石的鉴定特征

1. 矿物名称及化学成分

尖晶石的矿物学名称仍为尖晶石（Spinel），晶体化学式可写作：$MgAl_2O_4$。

2. 晶体形态与晶面特征

尖晶石为等轴晶系矿物，晶体原石一般呈八面体（图1-6-1），有时可见八面体与菱形十二面体、立方体成聚形。

图1-6-1　八面体尖晶石原石

3. 光学性质

（1）颜色　尖晶石是除碧玺外另一个具有糖果色的彩色宝石。常见红色、粉红色、蓝色、紫色和橙色，有时也可见黄色、绿色、褐色、无色等多种色调（图1-6-2、图1-6-3）。红色是由 Cr^{3+} 导致；蓝色主要是由 Fe^{2+} 导致；绿色是由 Fe^{3+} 导致。

图1-6-2　粉红色尖晶石　　　　　　　图1-6-3　各种颜色的尖晶石

（2）光泽及透明度　玻璃光泽至亚金刚光泽；透明至不透明。

（3）光性　均质体。

（4）折射率和双折射率　1.718（+0.017，-0.008）；无双折射率。

（5）多色性　无多色性。

（6）发光性　红色、橙色、粉红色尖晶石长波紫外光下呈现弱至强的红色、橙色荧光；短波下呈无至弱的红色、橙色荧光。

绿色尖晶石长波紫外光下呈现无至中等程度的橙至橙红色荧光。

其他颜色的尖晶石在紫外灯下一般为无荧光。

（7）吸收光谱　红色、粉色尖晶石具有铬的吸收谱：红区685nm、684nm强吸收线及656nm

弱吸收带，黄绿区有595～490nm强吸收带（图1-6-4）。

图1-6-4　红色尖晶石的铬吸收谱

蓝色尖晶石主要的吸收线在蓝区：460nm强吸收带，伴随出现430～435nm、480nm、550nm、565～575nm、590nm、625nm等弱或极弱的吸收线或带（图1-6-5）。

图1-6-5　蓝色尖晶石的吸收谱

（8）特殊光学效应　可见星光效应（较少）和变色效应。

4．力学性质

（1）解理　解理不完全；常见贝壳状断口。

（2）硬度　摩氏硬度为8。

（3）密度　密度为3.60（+0.10，-0.03）g/cm^3。

5．放大检查

尖晶石中典型的包裹体是八面体尖晶石包体，单独、成行排列或呈指纹状分布（图1-6-6）；此外，尖晶石的开口裂隙中常见液态包裹体；八面体包体周围可有张力裂隙形成的指纹状包体（图1-6-7）。

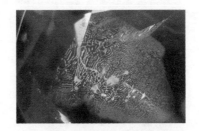

图1-6-6　尖晶石中的八面体包体　　　　图1-6-7　指纹状包体

知识卡片1-6-1　　　Mahenge 尖晶石

Mahenge（中文音译为马亨盖）尖晶石，最早发现于20世纪80年代末的坦桑尼亚马亨盖省附近。马亨盖尖晶石主要指的是粉红色尖晶石，其典型特征为有霓虹效应，拥有顶级的电光色，以及极少见的天鹅绒光、丝绒光带来的特殊晶质之美。

优质的Mahenge尖晶石呈艳粉色，饱和度高并略带丝绒感。

二、　合成尖晶石的鉴别

目前商业化的合成尖晶石主要是用焰熔法合成的，也可见助熔剂法合成的尖晶石，助熔剂法合成尖晶石的折射率、密度等物理常数与天然尖晶石相近，主要通过放大观察是否有残余的助熔剂来鉴别。下面主要介绍焰熔法合成尖晶石的鉴别特征（见表1-6-1）。

表 1 - 6 - 1　尖晶石与焰熔法合成尖晶石的鉴别

鉴别项目	尖晶石	焰熔法合成尖晶石
RI	1.718（+0.017，-0.008）	1.728（+0.012，-0.008）
SG	多数为 3.60	比天然尖晶石略高，平均为 3.64
偏光特征	全暗，少见异常消光	常见栅格状、斑纹状不均匀异常消光
吸收光谱	红色尖晶石：典型铬谱 蓝色尖晶石：铁谱为主	红色：与天然尖晶石吸收光谱相同 蓝色：钴谱（橙光区、黄绿区、绿区有强吸收带）
紫外荧光	除红色外，其他颜色荧光不明显	所有品种均有荧光，且 SW 呈白垩状
包裹体	单个或串珠状八面体包裹体	一般洁净，偶见弧形生长纹、气泡
颜色	红色尖晶石颜色不纯正，多有粉色调、橙色调、棕色调；蓝色尖晶石多呈灰蓝色、绿蓝色	颜色鲜艳、纯正。合成蓝色尖晶石查尔斯滤色镜下呈红色

知识卡片 1 - 6 - 2　GB/T 16552 -2010《珠宝玉石名称》

1. 猫眼效应

在珠宝玉石基本名称后加"猫眼"二字。只有"金绿宝石猫眼"可直接称为"猫眼"。

2. 变色效应

在珠宝玉石基本名称前加"变色"二字。具有变色效应的合成宝石，在所对应的天然珠宝玉石基本名称前加"合成变色"四字。"变石""变石猫眼""合成变石"除外。

3. 其他特殊光学效应

除星光效应、猫眼效应和变色效应外，其他特殊光学效应不参与定名，可在相关质量文件中附注说明。

注： 沙金效应、晕彩效应、变彩效应等均属于其他特殊光学效应。

任务实施

一、 准备工作

1. 了解尖晶石的鉴定特征。

2. 了解合成尖晶石的鉴定特征。

3. 尖晶石、合成尖晶石样品及宝石鉴定仪器。

二、 实施步骤

1. 小组讨论制定鉴定方案并明确任务分配。

2. 指导教师进行鉴定演示

（未知宝石 - 尖晶石 - 是否合成？未知宝石 - 不是尖晶石 - 宝石品种？）。

3. 小组成员对拿到手的鉴定标本进行鉴定练习，有疑问要随时提出。

4. 小组讨论完成分配到手的宝石的鉴定检测报告。

三、 任务要求

1. 鉴定过程中要注意爱护仪器、管理好鉴定样品，不能丢失或混淆鉴定样品。

2. 主要鉴定过程要有照片或视频。

3. 注意观察尖晶石与合成尖晶石的外观特征。

四、 任务考核

表 1-6-2　尖晶石的鉴定过程考核标准

考 核 内 容		权重	考 核 标 准
基本素养		20%	能充分利用自主资源学习；听从指挥，服从安排，能与同学积极合作，具有团队合作精神。服装整洁、不穿拖鞋
鉴定过程（40%）	1. 仪器操作与保护	30%	鉴定仪器操作规范，使用正确。使用时避免损伤仪器，避免丢失、损坏标本
	2. 团队合作	5%	团队任务分配合理，团队成员参与度高
	3. 时间控制	5%	鉴定用时要合理，尽量快而准确
鉴定结果		40%	鉴定数值准确，结果清晰，鉴定报告规范

五、 常见问题及指导

如何从外观上鉴别尖晶石与刚玉类宝石？

在具体的鉴定过程中，要注意对宝石外观特征的观察和识记，以增长鉴定经验。

（1）红宝石颜色浓郁、不均匀，外观感觉似一团火，从宝石台面不易看清其亭部棱线。红色尖晶石很少有纯正的红色调，一般偏粉色、橙色或是棕色调；颜色不似红宝石那么浓郁。

（2）蓝宝石颜色一般浓郁、纯正、不均匀，常见色带。天然蓝色尖晶石很少有纯正的蓝色调，一般呈绿蓝色或是灰蓝色，较容易鉴别。

六、 任务成果

简 明 检 验 报 告

NO.

样品原标名		样品	检验类别		委托检验
样品编号			接样地点		
检验要求		珠宝玉石检验	接样日期		年　月　日
委托单位		珠宝学院	检验小组		
检验依据		GB/T 16552-2010《珠宝玉石名称》、GB/T 16553-2010《珠宝玉石鉴定》			
检验项目汇总表	总质量（g）		其他特征		样品照片
	样品状态描述				
	颜色				
	光泽				
	折射率				
	双折射率				
	密度				
	紫外荧光	长波			
		短波			

（续）

检验项目汇总表	吸收光谱	
	光性特征	
	多色性	
	放大检查	
	其他检查	
检验结论		
备 注		

批准：_____
审核：_____
主检：_____

检验单位签章：

检验日期： 年 月 日

本报告仅对受检验样品负责，本报告复印、涂改、无签名无效。

知识拓展

表1-6-3 尖晶石的质量评价

评价内容	评 价 及 标 准
颜色	颜色要求鲜艳、纯正。红色尖晶石价值最高，马亨盖尖晶石因有霓虹色、电光色成为近几年的新宠
净度 透明度	透明度越高，瑕疵越少，质量越好
切工	优质者多切割成刻面型，祖母绿型切工较佳
克拉重量	一般在1ct左右，少数可达10ct，100ct以上者少见

职业资格考试练习题

一、填空题

1. 合成尖晶石在正交偏光镜下常表现为_____，宝石学中称为_____，其产生原因是_____。

2. 红色、粉色尖晶石由_____元素致色，其吸收光谱主要在红区及_____区，并且在红区可出现_____；蓝色、紫色尖晶石由_____致色，吸收光谱主要在_____。

3. 尖晶石属于_____晶系，常呈_____晶形，有时与_____、_____形成聚形。

4. 具有霓虹粉色、电光色的尖晶石被称为_____，最早发现于_____。

5. 大多数合成尖晶石的折射率较稳定，其折射率值为_____。

二、是非题（是：Y，非：N）

1. 合成红色尖晶石的吸收光谱与天然红色尖晶石的吸收光谱基本相同。（ ）

2. 与焰熔法合成红蓝宝石一样，焰熔法合成的尖晶石内部都可以见到弧形生长纹。（ ）

3. 天然尖晶石与合成尖晶石内部都可以见到串珠状八面体包裹体。（ ）

4. 合成蓝色尖晶石主要是由Co致色，因此大多呈现纯正鲜艳的蓝色调。（ ）

5. 助溶剂法合成尖晶石的区别主要表现在内部包裹体、吸收光谱、化学成分比例以及荧光特征的差异。（ ）

三、问答题

1. 简述如何区别大小相同的刻面型无色锆石、无色合成尖晶石与无色合成蓝宝石。

2. 结合本次课任务中的尖晶石讲讲如何对尖晶石进行质量评价？

任务7　绿柱石族宝石的鉴定 →

任务提出

1. 以小组为单位，通过肉眼观察和仪器鉴定，完成绿柱石族宝石的鉴定检测报告。
2. 通过肉眼及仪器将祖母绿与绿色碧玺鉴别出来。
3. 通过肉眼及仪器将祖母绿与合成祖母绿鉴别出来。

相关知识

一、 绿柱石族宝石的鉴定特征

1. 矿物名称及化学成分

绿柱石的矿物学名称仍为绿柱石（beryl），晶体化学式可写作：$Be_3Al_2Si_6O_{18}$，可含 Fe、Cr、V、Ti、Li、Mn 等微量元素。

2. 晶体形态与晶面特征

绿柱石为六方晶系矿物，晶体原石多呈标准的六方状（图 1-7-1、图 1-7-2）。

图 1-7-1　六方柱状祖母绿

图 1-7-2　六方柱状海蓝宝石

3. 光学性质

（1）颜色　不含杂质元素时无色透明，含有不同杂质元素时呈现不同颜色。

祖母绿：Cr 致色的特征的翠绿色，可略带黄或蓝色色调，颜色柔和而鲜亮，具丝绒质感（图 1-7-3）。

海蓝宝石：Fe 致色的浅蓝色、绿蓝色、蓝绿色，一般色调较浅（图 1-7-4）。

图 1-7-3　祖母绿

绿柱石：常见无色、黄色、粉红色，亦可见浅橙色、红色、棕色、黑色等。

（2）光泽及透明度　玻璃光泽；透明至半透明，少数不透明。

（3）光性　一轴晶，负光性。

（4）折射率和双折射率　折射率为 1.577～1.583（±0.017）；双折射率为 0.005～0.009，常见为 0.006。

（5）多色性　祖母绿：中等至强，蓝绿/黄绿。

图 1-7-4　海蓝宝石

海蓝宝石：弱至中，蓝/蓝绿。

金黄色绿柱石：弱，绿黄色/黄色。

粉色绿柱石：弱至中，浅红/紫红。

（6）发光性　祖母绿一般无荧光。有时在长波紫外灯下呈无或弱的绿色荧光，弱橙红至带紫的红色荧光；短波紫外线下少数呈红色荧光。

海蓝宝石因铁致色，无荧光。

其他绿柱石紫外荧光通常弱。

（7）吸收光谱　祖母绿（铬谱）：红区 683nm、680nm 强吸收线，662nm、646nm 弱吸收线，橙黄区 630～580nm 吸收带，紫区全吸收（图 1-7-5）。

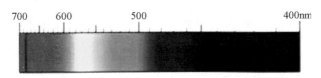

图 1-7-5　祖母绿的吸收光谱

海蓝宝石（铁谱）：537nm、456nm 弱吸收线，427nm 强吸线，依颜色加深而变强。

其他绿柱石通常无或显示弱的铁吸收线。

（8）特殊光学效应　猫眼效应，星光效应较少见。

（9）查尔斯滤色镜　祖母绿在查尔斯滤色镜下呈红或粉红色，印度和南非产的祖母绿因内部含铁，在查尔斯滤色镜下不变红。其他绿柱石在查尔斯滤色镜下一般无反应。

4. 力学性质

（1）解理　有一组不完全的底面解理，断口为贝壳状至参差状。

（2）硬度　摩氏硬度为 7.5～8。

（3）密度　密度为 2.72（+0.18，-0.05）g/cm³。

5. 放大检查

（1）流体包裹体　可见细长管状气液包体（雨丝或雨滴状）、空管及形态不规则的两相或三相气液包裹体、负晶等。

（2）固态包裹体　可见方解石、黄铁矿、白云母、电气石、阳起石等矿物包裹体。

（3）裂隙常较发育

知识卡片 1-7-1　达碧兹

　　达碧兹是一种特殊类型的祖母绿，产于哥伦比亚木佐地区和契沃尔地区，具有特殊的生长特征。

　　木佐地区产出的达碧兹祖母绿中间有暗色核和放射状的臂，是由炭质包裹体和钠长石组成，有时有方解石，黄铁矿罕见（图 1-7-6）。契沃尔地区产的达碧兹祖母绿，中心为绿色六边形的核，由核的六边形棱柱向外伸出六条绿臂，绿臂之间的 V 形放射状空间由无色绿柱石和钠长石的细粒混合物充填（图 1-7-7）。

图 1-7-6　木佐地区出产的达碧兹

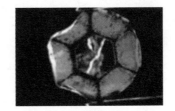

图 1-7-7　契沃尔出产的达碧兹

二、 绿柱石族宝石的品种

1. 祖母绿（Emerald）

铬致色的蓝绿色、黄绿色绿柱石，Cr 的质量分数一般为 0.15% ~ 0.3%。祖母绿与钻石、红宝石、蓝宝石一起并称为四大珍贵宝石，优质祖母绿的价值高于钻石。祖母绿的品种一般分为 3 种，即祖母绿猫眼、星光祖母绿和达碧兹。

2. 海蓝宝石（Aquamarine）

铁致色的绿蓝色、蓝绿色、浅蓝至蓝色的绿柱石，一般色调较浅。

3. 摩根石（Morganite）

锰致色的粉红色、玫瑰红或桃红色的绿柱石，一般多有橘色调，含有 Cs、Li 等杂质元素。英文名称来源于美国金融学家 J. P. Morgan 的名字。

4. 黄色绿柱石（Heliodor）

淡柠檬黄色、浅至中等黄色、绿黄色、棕黄色、金黄色绿柱石。

5. 无色绿柱石

纯净透明的绿柱石，不含杂质元素，价值相对较低。

6. 红色绿柱石（Bixbite）

锰致色的深玫瑰红色绿柱石，较罕见，主要产于美国犹他州的 Thomas 和 Wah Wah 山，市场上俗称红色祖母绿。

7. Maxixe 型绿柱石

深蓝色绿柱石，产于巴西米纳斯吉拉斯州。其天然宝石见光或遇热易褪色，市场上出现的该类宝石多是辐照品。

8. Pezzottaite

铯、锂致色的粉红色绿柱石，我国学者又称之为"草莓红"绿柱石。其晶体化学式是：$Cs(Be_2Li) Al_2Si_6O_{18}$，折射率 $N_o = 1.615 ~ 1.619$；$N_e = 1.60 ~ 1.610$；$SG = 3.09 ~ 3.11$。

三、 祖母绿与相似宝石的鉴别

祖母绿的外观具有较典型的特征，肉眼易于鉴别。纯正的翠绿色祖母绿一般较少，祖母绿一般都有蓝色调或黄色调，颜色泛冷，有丝绒般的质感。绿色碧玺一般颜色较暗，给人一种死气沉沉的感觉，外观上非常容易与祖母绿鉴别开。其他与祖母绿相似的宝石有铬透辉石、翠榴石、翡翠、沙弗莱石等。祖母绿与相似宝石的鉴别见表 1 - 7 - 1。

表 1 - 7 - 1　祖母绿与相似宝石的鉴别

宝石名称	RI	SG	Hm	光性	滤色镜	其他鉴定特征
祖母绿	1.577 ~ 1.583	2.72	7.5 ~ 8	U -	红/绿	包体多，三相包体；铬谱
碧玺	1.624 ~ 1.644	3.06	7 ~ 8	U -	绿	双影；典型的扁平状气液包体
铬透辉石	1.675 ~ 1.701	3.29	5 ~ 6	B +	绿	铬谱（505nm 吸收线）；双影
翠榴石	1.888	3.84	6.5 ~ 7	I	红	强色散；马尾状包裹体
沙弗莱石	1.740 ±	3.61	7 ~ 7.5	I	红	光泽强，反火好；短柱状、浑圆状包体
翡翠	1.66	3.34	6.5 ~ 7	集合体	绿	纤维交织结构；630nm、660nm、690nm、437nm 吸收线

四、祖母绿与合成祖母绿的鉴别

合成祖母绿主要有两种方法，即助熔剂法和水热法。目前，包括查塔姆（Chatham）、吉尔森（Gilson）、林德（Linde）、莱切雷特纳（Lechleitner）、中国（桂林）等众多厂商已经具备成熟的合成祖母绿技术，且贸易中常以各自的厂商为品名出现。

助熔剂法合成祖母绿的折射率、双折率、和相对密度值都低于天然祖母绿；水热法合成祖母绿的物理特征与天然祖母绿接近，主要通过内部特征来识别。祖母绿与合成祖母绿的具体鉴别方法见表1-7-2。

表1-7-2　祖母绿与合成祖母绿的鉴别

性质	天然祖母绿	助熔剂法合成祖母绿	水热法合成祖母绿
SG	2.69~2.74	2.65~2.67	2.67~2.69
N_e	1.565~1.586	1.560~1.563	1.566~1.576
N_o	1.570~1.593	1.563~1.566	1.571~1.578
DR	0.005~0.009	0.003~0.005	0.005~0.006
吸收光谱	铬谱	铬谱（吉尔森N型紫区427nm吸收带）	铬谱
紫外荧光	无~弱	强红色荧光（吉尔森型无荧光）	强红色荧光
查尔斯滤色镜	红或绿	强红色	强红色
内部特征	三相、两相包裹体；裂隙发育	助熔剂残余（面纱状、网状、小滴状）；无色透明、形态完整的硅铍石晶体；平直状或六边形色带	钉状包体（硅铍石晶体和孔洞组成）；六边形或三角形铂金属片；种晶片；平行于种晶板的波状或锯齿状生长纹和色带

知识卡片1-7-2　祖母绿的主要产地及鉴别特征

产地	主要特征	特征包体
哥伦比亚	颜色佳、质地好、产量大。滤色镜下强红色；紫外光下红色荧光	三相包体；晶形完好的黄铁矿包体
俄罗斯	淡绿至深绿色，略显黄色调。晶体一般较大，裂隙较发育，所以成品质量很小	单个或竹节状的阳起石包体、愈合裂隙、平行z轴的管状包体、垂直z轴的片状空洞及生长带等
巴西	晶体细小、多瑕疵、颜色偏浅淡。常经无色油和塑料浸注，以掩盖裂隙，改善颜色。油干后，或浸注物脱落后，原有裂隙就会显露出来，影响美观	铬尖晶石、黄铁矿、方解石、滑石、黑云母、石英、透闪石、白云石、磷灰石、赤铁矿等
赞比亚	良好的透明度和浓翠绿色，往往还微带蓝色调，非常美丽。紫外光下无荧光；查尔斯滤色镜下呈红色	黑色的镁电气石、磁铁矿、黑云母至金云母、橙红色的金红石、金绿宝石、赤铁矿、磷灰石等包体
津巴布韦	晶体一般很小，可切成1~2ct的戒面，颜色很好，很绿；紫外光下无荧光反应；查尔斯滤色镜下呈弱红色	呈针状或短柱状、细纤维弯曲状的透闪石包体
印度	查尔斯滤色镜下不变红	逗号状包裹体；黑云母包裹体
南非	查尔斯滤色镜下不变红	棕色云母片
祖母绿的主要产出国为哥伦比亚和原苏联，共占世界产量的90%以上。国际市场上目前最多见的祖母绿来自三个产地：哥伦比亚、巴西和赞比亚		

任务实施

一、 准备工作

1. 了解绿柱石族宝石的鉴定特征。
2. 了解祖母绿与绿色碧玺的鉴别方法。
3. 了解祖母绿与合成祖母绿的鉴别特征。
4. 了解祖母绿的产地特征。
5. 祖母绿、合成祖母绿、绿色碧玺等宝石样品及鉴定仪器。

二、 实施步骤

1. 小组讨论制定鉴定方案并明确任务分配。
2. 指导教师进行鉴定演示

（未知宝石 – 绿柱石族宝石 – 祖母绿 – 是否合成；未知宝石 – 不是绿柱石族宝石 – 宝石品种？）。

3. 小组成员对拿到手的鉴定标本进行鉴定练习，有疑问要随时提出。
4. 小组讨论完成分配到手的宝石的鉴定检测报告。

三、 任务要求

1. 鉴定过程中要注意爱护仪器、管理好鉴定样品，不能丢失或混淆鉴定样品。
2. 主要鉴定过程要有照片或视频。
3. 祖母绿要判断是否是合成品种。

四、 任务考核

表 1 – 7 – 3　绿柱石族宝石的鉴定过程考核标准

考 核 内 容		权重	考 核 标 准
基本素养		20%	能充分利用自主资源学习；听从指挥，服从安排，能与同学积极合作，具有团队合作精神。服装整洁、不穿拖鞋
鉴定过程（40%）	1. 仪器操作与保护	30%	鉴定仪器操作规范，使用正确。使用时避免损伤仪器，避免丢失、损坏标本
	2. 团队合作	5%	团队任务分配合理，团队成员参与度高
	3. 时间控制	5%	鉴定用时要合理，尽量快而准确
鉴定结果		40%	鉴定数值准确，结果清晰，鉴定报告规范

五、 常见问题及指导

绿柱石族宝石在给出鉴定结果时应如何标准命名？

根据 GB/T 16552 – 2010 珠宝玉石 名称，绿柱石族宝石的标准名称有三个，绿柱石、祖母绿、海蓝宝石，其他品种绿柱石的名称不能出现在鉴定证书及标准的鉴定报告中。如有需要可以添加备注说明。

六、 任务成果

简 明 检 验 报 告

NO.

样品原标名	样品	检验类别	委托检验
样品编号		接样地点	
检验要求	珠宝玉石检验	接样日期	年 月 日
委托单位	珠宝学院	检验小组	
检验依据	GB/T 16552 – 2010《珠宝玉石名称》、GB/T 16553 – 2010《珠宝玉石鉴定》		

检验项目汇总表	总质量（g）		其他特征		样品照片
	样品状态描述				
	颜色				
	光泽				
	折射率				
	双折射率				
	密度				
	紫外荧光	长波			
		短波			
	吸收光谱				
	光性特征				
	多色性				
	放大检查				
	其他检查				

检验结论	
备 注	

批准：_____

审核：_____

主检：_____

检验单位签章：

检验日期： 年 月 日

本报告仅对受检验样品负责，本报告复印、涂改、无签名无效。

知识拓展

表 1-7-4　绿柱石族宝石的质量评价

评价内容	评 价 及 标 准
总体评价	祖母绿是绿柱石宝石中最贵重的品种，与红宝石、蓝宝石、钻石并称四大珍贵宝石。优质祖母绿的价格高于钻石。其次为海蓝宝石、摩根石、金黄色绿柱石。红色绿柱石因产量稀少，价格也比较昂贵
祖母绿	中至深的纯正绿色最好，有蓝色调者优于有黄色调者；颜色较浅的祖母绿，其价格比较低。祖母绿一般包体比较多，对其净度要求相对较小，但质量好的祖母绿要求内部瑕疵小而少，肉眼基本不见瑕疵。质量好的祖母绿一般都采用祖母绿型切工
海蓝宝石	海蓝宝石以颜色大海般的蓝色而深受人们喜爱，海蓝宝石一般颜色较浅，因此颜色偏深者相对价格较高。净度好、透明度高的海蓝宝石一般做刻面宝石，价格相对较高。净度差、透明度低的海蓝宝石一般做圆珠或雕件，价格相对较低
其他绿柱石	颜色要求纯正、鲜艳、色浓；净度要求洁净、透明；切工要求比例准确、对称性好、抛光好

职业资格考试练习题

一、填空题

1. 祖母绿的化学成分是_____，其化学式为_____，是由杂质元素_____致色，为_____晶系，常见晶形有_____、_____、晶面常有_____。

2. 祖母绿的典型切工叫_____，它属于一种_____，其目的是为了_____，其顶刻面的定向方式应为_____。

3. 达碧兹主要成分是绿柱石，其黑色部分主要成分为_____和_____。

4. 根据特殊光学效应和特殊现象可将祖母绿划分为_____、_____、_____三个品种。

5. 合成祖母绿的主要方法有_____、_____。

6. 海蓝宝石的特征包体是_____、_____。

二、是非题（是：Y，非：N）

1. 无论颜色深浅只要具有 Cr 的吸收光谱的绿柱石就可以称为祖母绿。（　　）

2. 合成祖母绿中没有晶体包裹体。（　　）

3. 助熔剂法合成祖母绿的折射率、密度、双折率比天然祖母绿低。（　　）

4. 合成祖母绿在查尔斯滤色镜下都显示强红色。（　　）

5. 祖母绿有三个特殊品种：星光祖母绿、猫眼祖母绿、达碧兹。（　　）

三、问答题

1. 简述如何鉴别一组刻面宝石：祖母绿、绿色碧玺、翠榴石、铬钒钙铝榴石。

2. 结合本次课任务中的祖母绿与海蓝宝石，讲述如何对其进行质量评价？

任务8　金绿宝石的鉴定 →

任务提出

1. 以小组为单位，通过肉眼观察和仪器鉴定，完成金绿宝石的鉴定检测报告。
2. 通过肉眼及仪器将金绿宝石与钙铝榴石、黄色蓝宝石、黄色绿柱石鉴别出来。

相关知识

一、金绿宝石的鉴定特征

1. 矿物名称及化学成分

金绿宝石的矿物学名称仍为金绿宝石（Chrysoberyl），晶体化学式可写作：$BeAl_2O_4$，可含 Fe、Cr、Ti 等微量元素。

2. 晶体形态与晶面特征

金绿宝石为斜方晶系矿物，晶体原石多呈板状、短柱状晶形。晶面常见平行条纹，晶体常形成假六方的三连晶穿插双晶（图1-8-1、图1-8-2）。

图1-8-1　金绿宝石的三连晶　　　　　图1-8-2　金绿宝石的穿插双晶

3. 光学性质

（1）颜色　金绿宝石（图1-8-3）通常为浅至中等的黄色再至黄绿色、灰绿色、黄褐色及稀少的浅蓝色；猫眼（图1-8-4）主要为黄色至黄绿色、灰绿色、褐色至褐黄色；变石（图1-8-5）通常在日光下呈黄绿色、褐绿色、灰绿额、蓝绿色，在白炽灯光下呈现橙色或褐红色至紫红色；变石猫眼呈现出蓝绿色和紫褐色。

图1-8-3　金绿宝石　　　图1-8-4　猫眼　　　图1-8-5　变石

（2）光泽及透明度　金绿宝石与变石多为玻璃光泽至亚金刚光泽，透明至不透明；猫眼多为玻璃光泽，呈亚透明至半透明。

（3）光性　二轴晶，正光性。

（4）折射率和双折射率　折射率为 1.746～1.755（+0.004，-0.006）；双折射率为 0.008～0.010。

（5）多色性　金绿宝石：弱至中等的三色性，黄色、绿色、褐色；猫眼：弱三色性，黄色、黄绿色、橙黄色；变石：强三色性，绿色、橙黄色、紫红色。

（6）发光性　金绿宝石在长波紫外线下无荧光；短波紫外线下呈无至黄绿色荧光。猫眼在长短波紫外线下通常无荧光。变石在长短波紫外线下呈无至中等强度的紫红色荧光。

（7）吸收光谱　金绿宝石和猫眼体现铁的吸收谱：具有 445nm 为中心的强吸收带（图 1-8-6）。

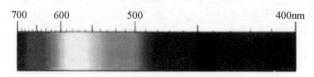

图 1-8-6　猫眼、金绿宝石的吸收光谱

变石体现铬的吸收谱：680.5nm 和 678.5nm 两条强吸收线，665nm、655nm 和 645nm 三条弱吸收线，580～630nm 的部分吸收，476.5nm、473nm 及 468nm 的三条弱吸收线，紫区全吸收（图 1-8-7）。

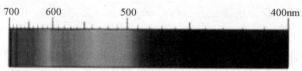

图 1-8-7　变石的吸收光谱

（8）特殊光学效应　猫眼效应，变色效应，星光效应较少见。

4. 力学性质

（1）解理　三组解理，一组发育中等，另两组发育不完全；贝壳状断口。

（2）硬度　摩氏硬度为 8～8.5。

（3）密度　密度为 3.73（±0.02）g/cm³。

5. 放大检查

（1）金绿宝石　主要含有指纹状包体，也可见丝状物。透明宝石可见双晶纹、阶梯状滑动面。固体包体包括云母、阳起石、针铁矿、石英和磷灰石等；两相或三相包体也常见。

（2）猫眼　含有大量平行排列的丝状金红石包体或管状包体。

（3）变石　主要含有指纹状包体及丝状物。

知识卡片 1-8-1　钒致色的金绿宝石

　　是普通金绿宝石里面比较昂贵的品种，颜色为苹果绿色（图 1-8-8、图 1-8-9）。通常产自坦桑尼亚和马达加斯加，这种苹果绿色是由钒致色，比较稀有，有些接近万元每克拉。

图 1-8-8　钒致色的金绿宝石　　　　图 1-8-9　钒致色的金绿宝石

二、 金绿宝石的品种

1. 金绿宝石

指没有任何特殊光学效应的普通金绿宝石。主要产地有巴西、斯里兰卡、印度、马达加斯加、津巴布韦、赞比亚、缅甸等。巴西米纳斯吉拉斯地区是金绿宝石的重要产区，也是世界上最大的金绿宝石产地之一。

2. 猫眼

具有猫眼效应的金绿宝石称之为猫眼。能产生猫眼效应的其他一些宝石，包括石英、电气石、绿柱石及磷灰石等，不能直接称为"猫眼"，应称为"石英猫眼""电气石猫眼"等。

在光线照射下，猫眼表面呈现一条明亮光带，光带随着宝石或光线的转动而移动；另一种有趣的现象是，当把猫眼放在两个光源下，随着宝石的转动，眼线会出现张开与闭合的现象，宛如灵活而明亮的猫的眼睛。猫眼最著名的产地是斯里兰卡和巴西。

3. 变石

具有变色效应的金绿宝石称之为变石，市场上又俗称其为亚历山大石。变石在日光或日光灯下呈现绿色调为主的颜色，在白炽灯光下或烛光下呈现红色调为主的颜色，因此被誉为"白昼里的祖母绿，黑夜里的红宝石"（图 1-8-10）。变石最著名的产地是俄罗斯乌拉尔山脉，巴西、斯里兰卡、津巴布韦也有变石产出。

4. 变石猫眼

变石猫眼是同时具有变色效应及猫眼效应的金绿宝石（图 1-8-11）。变石猫眼既含有产生变色效应的铬元素，又含有大量丝状包体以产生猫眼效应。变石猫眼非常罕见。

图 1-8-10　变石

图 1-8-11　变石猫眼

5. 星光金绿宝石

具星光效应的金绿宝石称为星光金绿宝石。星光金绿宝石通常为四射星光，一般比较少见。星光产生的原因之一是在金绿宝石中同时存在两组互相近于垂直排列的包裹体，其中一组为金红石丝状包裹体，而另一组为细密的气液管状包裹体。

三、 金绿宝石与相似宝石的鉴别

与金绿宝石特征相似的宝石主要有黄色蓝宝石、钙铝榴石、黄色绿柱石、橄榄石、楣石等。金绿宝石与相似宝石的鉴别见表 1-8-1。

表 1-8-1　金绿宝石与相似宝石的鉴别

宝石名称	RI	SG	Hm	光性	多色性	发光性	其他鉴定特征
金绿宝石	1.746~1.755	3.73	8~8.5	B+	弱~中	无~弱	指纹状包体/丝状物
钙铝榴石	1.74	3.61	7~8	I	无	无	短柱/浑圆状包体/热浪效应
蓝宝石	1.762~1.770	4.00	9	U-	强	中	色带/指纹状包裹体

（续）

宝石名称	RI	SG	Hm	光性	多色性	发光性	其他鉴定特征
绿柱石	1.577 ~ 1.583	2.72	7.5 ~ 8	U –	弱 ~ 中	无 ~ 弱	气液/管状包裹体
橄榄石	1.654 ~ 1.690	3.34	6.5 ~ 7	B +/ –	弱	无	睡莲叶状包裹体/双影
榍石	1.900 ~ 2.034	3.52	5 ~ 5.5	B +	中 ~ 强	无	双影/火彩好

任务实施

一、 准备工作

1. 了解金绿宝石的鉴定特征。
2. 了解金绿宝石与黄色蓝宝石、榍石、黄色绿柱石、橄榄石等宝石的鉴别方法。
3. 金绿宝石、猫眼、变石、黄色蓝宝石、黄色绿柱石等宝石样品及鉴定仪器。

二、 实施步骤

1. 小组讨论制定鉴定方案并明确任务分配。
2. 指导教师进行鉴定演示

（未知宝石 – 金绿宝石；未知宝石 – 不是金绿宝石 – 宝石品种?）。
3. 小组成员对拿到手的鉴定标本进行鉴定练习，有疑问要随时提出。
4. 小组讨论完成分配到手的宝石的鉴定检测报告。

三、 任务要求

1. 鉴定过程中要注意爱护仪器、管理好鉴定样品，不能丢失或混淆鉴定样品。
2. 主要鉴定过程要有照片或视频。

四、 任务考核

表 1 – 8 – 2　金绿宝石的鉴定过程考核标准

考 核 内 容		权重	考 核 标 准
基本素养		20%	能充分利用自主资源学习；听从指挥，服从安排，能与同学积极合作，具有团队合作精神。服装整洁、不穿拖鞋
鉴定过程（40%）	1. 仪器操作与保护	30%	鉴定仪器操作规范，使用正确。使用时避免损伤仪器，避免丢失、损坏标本
	2. 团队合作	5%	团队任务分配合理，团队成员参与度高
	3. 时间控制	5%	鉴定用时要合理，尽量快而准确
鉴定结果		40%	鉴定数值准确，结果清晰，鉴定报告规范

五、 常见问题及指导

金绿宝石在给出鉴定结果时应如何标准命名?

根据 GB/T 16552 – 2010 珠宝玉石名称，金绿宝石的标准名称有四个，金绿宝石、猫眼、变石、变石猫眼，其他有变色效应及猫眼效应的宝石品种不能直接命名为变石或猫眼。

六、　任务成果

简 明 检 验 报 告

NO.

样品原标名	样品		检验类别	委托检验	
样品编号			接样地点		
检验要求	珠宝玉石检验		接样日期	年　月　日	
委托单位	珠宝学院		检验小组		
检验依据	GB/T 16552 – 2010《珠宝玉石名称》、GB/T 16553 – 2010《珠宝玉石鉴定》				
检验项目汇总表	总质量（g）		其他特征		样品照片
	样品状态描述				
	颜色				
	光泽				
	折射率				
	双折射率				
	密度				
	紫外荧光	长波			
		短波			
	吸收光谱				
	光性特征				
	多色性				
	放大检查				
	其他检查				
检验结论					
备　注					

批准：_____

审核：_____

主检：_____

检验单位签章：

检验日期：　年　月　日

本报告仅对受检验样品负责，本报告复印、涂改、无签名无效。

知识拓展

表1-8-3 金绿宝石的质量评价

评价内容	评 价 及 标 准
金绿宝石	颜色、透明度、净度、切工四方面共同决定金绿宝石的价值。好的金绿宝石要求颜色金中带绿、不发灰、褐色调，颜色饱和度高，透明度高
猫眼	颜色：蜜黄色最佳，其次为深黄、深绿、黄绿、褐绿、黄褐、褐色。颜色越淡、越带褐色或灰白色者价值越低 眼线：讲求光带居中、平直、灵活、锐利、完整，眼线与背景要对比明显，并伴有"乳白与蜜黄"的效果
变石	变色效应越明显价值越高。最好的变石要求日光下呈现祖母绿色，白炽灯光下呈现红宝石的红色。多数变石的颜色是在非阳光下，呈现深红色到紫红色，并带有褐色调；在日光下，呈淡黄绿色或蓝绿色。白天颜色好坏依次为翠绿、绿、淡绿；晚上颜色好坏依次为红、紫、淡粉色

职业资格考试练习题

一、填空题

1. 金绿宝石的化学成分是_____，晶体化学式为 _____。

2. 黄色和黄绿色的金绿宝石具有_____nm的吸收窄带，它是因含_____所致。

3. 猫眼有多种体色，体色好坏的次序为_____、_____、_____。

4. 猫眼宝石在聚光光源下，宝石的向光一半呈现____，而另一半呈现____；其著名产地是____。

5. 变石又俗称_____，著名产地是_____。

二、是非题（是：Y，非：N）

1. 猫眼是具有猫眼效应的金绿宝石。（   ）

2. 具有变色效应的宝石都可以称之为变石。（   ）

3. 变石的颜色及其变色效应是由于金绿宝石矿物中含有 Cr 元素造成的。（   ）

4. 金绿宝石属于铍铝氧化物，其晶体化学式为 $Be_3Al_2Si_6O_{18}$。（   ）

5. 亚历山大石是美国人命名的。（   ）

三、问答题

1. 简述如何鉴别一组刻面宝石：金绿宝石、钙铝榴石、黄色绿柱石、黄色蓝宝石。

2. 结合本次课任务中的金绿宝石、猫眼与变石，讲述如何对其进行质量评价？

任务 9　托帕石的鉴定 →

任务提出

1. 以小组为单位，通过肉眼观察和仪器鉴定，完成托帕石的鉴定检测报告。
2. 通过肉眼及仪器将托帕石与磷灰石、海蓝宝石鉴别出来。

相关知识

一、 托帕石的鉴定特征

1. 矿物名称及化学成分

托帕石的矿物学名称为黄玉（Topaz），晶体化学式可写作：$Al_2SiO_4(F, OH)_2$。粉红色托帕石可含有 Cr 元素。

2. 晶体形态与晶面特征

托帕石为斜方晶系矿物，常见短柱状晶形，一端为锥形，另一端是由解理造成的不规则面，柱面常有纵纹（图 1-9-1、图 1-9-2）。完好晶形一般少见，常见不规则粒状（图 1-9-3）。

图 1-9-1　短柱状托帕石晶体　　图 1-9-2　短柱状托帕石晶体　　　图 1-9-3　粒状托帕石原石

3. 光学性质

（1）颜色　一般呈无色、淡蓝色、蓝色、黄色、粉色、粉红色、褐红色及罕见的绿色（图 1-9-4、1-9-5、1-9-6）。目前市场上有些蓝色托帕石是由无色天然托帕石先经辐射使之呈褐色，然后再热处理而呈蓝色的产物。巴西粉红色和红色托帕石是该地产的黄色和橙色托帕石经热处理的产物。

图 1-9-4　蓝色托帕石　　　　图 1-9-5　黄色托帕石　　　　图 1-9-6　黄色托帕石

（2）光泽及透明度　透明；玻璃光泽。

（3）光性　二轴晶，正光性。

（4）折射率和双折射率　折射率为 $1.619 \sim 1.627$（± 0.010）；双折射率为 $0.008 \sim 0.010$。无色、褐色和蓝色的托帕石的折射率一般为 $1.609 \sim 1.617$；红色、粉红色、橙色和黄色托帕石的折射率为 $1.629 \sim 1.637$。

（5）多色性　弱至中的多色性，与体色及深浅有关。黄色托帕石有：褐黄色、黄色、橙黄色；红色粉红色托帕石有：浅红、橙红；蓝色托帕石有不同色调的蓝色。

（6）发光性　长波紫外光下，发光性从无至中等，浅褐色和粉红色托帕石呈橙色至黄色荧光；蓝色和无色托帕石通常无荧光，有时也可呈很弱的绿黄色的荧光。在短波紫外光下，从无至弱，橙黄、黄、绿白色荧光。

（7）吸收光谱　无特征吸收光谱。

4．力学性质

（1）解理　一组平行于底轴面断开的完全解理，看不到它的完整形态。韧性差。贝壳状断口，解理面发育处兼有阶梯状断口。

（2）硬度　摩氏硬度为8。

（3）密度　密度为 3.53（± 0.04）g/cm^3。

5．放大检查

有时可见由气液两相包体构成的眼睛状包体（图 $1-9-7$、图 $1-9-8$），常见的固体矿物包体有云母、钠长石、电气石和赤铁矿等。

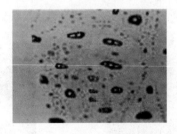

图 $1-9-7$　托帕石中的气液两相包体　　　　图 $1-9-8$　托帕石中的气液两相包体

知识卡片 $1-9-1$ //// **辐照改色的托帕石对人体有辐射吗？**

市面上所售蓝色托帕石多是无色托帕石经辐照改色而成。消费者担心辐照改色蓝色托帕石会有残余的辐射源，释放对人体有危害的辐射。

关于辐照改色托帕石的辐射残留说法主要有以下几种：

1. 市面上流通的辐照改色托帕石通常采用的是高能电子法和中子反应堆法。使用高能电子法处理的宝石在处理后并不带放射性，而受中子射线辐照的托帕石则不然。托帕石中的微量元素 P、Sc、Ta 等在受中子射线的辐照后产生半衰期为 83.8 天的 Sc–45 和半衰期 115 天的 Ta–182 等一些同位素，这些同位素在衰变时会释放出 γ 射线，对人体有较大的影响。

2. 经测试表明，辐照改色的蓝色托帕石，放射剂量不超过 $0.3\mu sv$。而不接触辐射性物质的普通人每日因正常环境辐射（主要是空气中的氡）的摄取量是每年 $1 \sim 2\mu sv$。

3. 辐照改色的托帕石在出厂之前辐照的残留都是要经过检测，证实对人体没有危害才会到市场流通。

4. 一般辐照改色的托帕石会经过较长时间的存放，其放射性残留降低到安全标准以下才会流通出售。

辐照改色的蓝色托帕石颜色漂亮、价格实惠，得到了很多消费者的青睐。担心辐照残留的消费者可以将托帕石买回放置半年再进行佩戴，或是到相关部门进行辐照残留检测。

二、 托帕石与相似宝石的鉴别

与托帕石外观及鉴定特征相似的宝石主要有海蓝宝石、磷灰石、碧玺等。磷灰石的外观与托帕石比较相似，托帕石一般是纯正的蓝色调，磷灰石常见蓝绿、绿蓝色。托帕石与相似宝石的具体鉴别方法见表1-9-1。

表1-9-1 托帕石与相似宝石的鉴别

宝石名称	RI	SG	Hm	光性	多色性	其他鉴定特征
托帕石	1.619~1.627	3.53	8	B+	弱至中	一般蓝色较深，没有绿色调；眼睛状包裹体
海蓝宝石	1.577~1.583	2.72	7.5~8	U-	弱至中	颜色一般较浅，常有朦胧感；雨丝状、管状包裹体
磷灰石	1.634~1.638	3.18	5~5.5	U-	强	双折率较低；580nm双吸收线
碧玺	1.624~1.644	3.06	7	U-	强	双影；气液/管状包体

知识卡片1-9-2 **蓝色托帕石的商业分类**

1. 伦敦蓝（London Blue）

蓝中带黑色调的蓝色，沉稳又威严，更加稳重，取自于伦敦雾蒙蒙的天空颜色（图1-9-9）。

2. 瑞士蓝（Swiss Blue）

相对浅一点的蓝色，取自于瑞士那令人神怡的澄净天空（图1-9-10）。

3. 皇家蓝（Royal Blue）

浓艳、饱满、深沉的蓝色，没有黑色调，如同大海般沉静，是蓝色中价值最高的（图1-9-11）。

图1-9-9 伦敦蓝托帕　　　图1-9-10 瑞士蓝托帕　　　图1-9-11 皇家蓝托帕

任务实施

一、 准备工作

1. 了解托帕石的鉴定特征。

2. 了解托帕石与磷灰石、海蓝宝石、碧玺等宝石的鉴别方法。

3. 托帕石、磷灰石、海蓝宝石等宝石样品及鉴定仪器。

二、 实施步骤

1. 小组讨论制定鉴定方案并明确任务分配。

2. 指导教师进行鉴定演示

（未知宝石－托帕石；未知宝石－不是托帕石－宝石品种?）。

3. 小组成员对拿到手的鉴定标本进行鉴定练习，有疑问要随时提出。

4. 小组讨论完成分配到手的宝石的鉴定检测报告。

三、 任务要求

1. 鉴定过程中要注意爱护仪器、管理好鉴定样品，不能丢失或混淆鉴定样品。
2. 主要鉴定过程要有照片或视频。

四、 任务考核

表 1 - 9 - 2 托帕石的鉴定过程考核标准

考 核 内 容		权重	考 核 标 准
基本素养		20%	能充分利用自主资源学习；听从指挥，服从安排，能与同学积极合作，具有团队合作精神。服装整洁、不穿拖鞋
鉴定过程（40%）	1. 仪器操作与保护	30%	鉴定仪器操作规范，使用正确。使用时避免损伤仪器，避免丢失、损坏标本
	2. 团队合作	5%	团队任务分配合理，团队成员参与度高
	3. 时间控制	5%	鉴定用时要合理，尽量快而准确
鉴定结果		40%	鉴定数值准确，结果清晰，鉴定报告规范

五、 常见问题及指导

在对托帕石进行显微观察的时候看不见眼睛状包裹体，为什么？

由于产量、品质等原因，托帕石属于中低档彩色宝石。此外，托帕石净度相对较高，一般没有内外部瑕疵的托帕石才会被做成彩色宝石。因此，做成宝石的托帕石内部一般无瑕，在托帕石原石中常见眼睛状气液两相包体。

六、 任务成果

简 明 检 验 报 告

NO.

样品原标名		样品	检验类别	委托检验
样品编号			接样地点	
检验要求		珠宝玉石检验	接样日期	年 月 日
委托单位		珠宝学院	检验小组	
检验依据		GB/T 16552 - 2010《珠宝玉石名称》、GB/T 16553 - 2010《珠宝玉石鉴定》		
检验项目汇总表	总质量（g）		其他特征	样品照片
	样品状态描述			
	颜色			
	光泽			
	折射率			
	双折射率			
	密度			
	紫外荧光	长波		
		短波		

（续）

检验项目汇总表	吸收光谱	
	光性特征	
	多色性	
	放大检查	
	其他检查	
检验结论		
备　注		

批准：_____　　检验单位签章：

审核：_____

主检：_____

检验日期：　　年　月　日

本报告仅对受检验样品负责，本报告复印、涂改、无签名无效。

📌 知识拓展

表1-9-3　托帕石的质量评价

评价内容	评 价 及 标 准
颜色	红色托帕石价值最高，其次是粉红色、蓝色、黄色，无色托帕石价值最低
净度	肉眼可见包裹体的托帕石价值较低，优质托帕石要求透明度好，无瑕疵、无裂纹
切工	托帕石一般切割成刻面型，小刻面越多，光泽越强，托帕石越漂亮
克拉重量	市面上30~50ct的大克拉托帕石常见。重量越大，价格越高

📌 职业资格考试练习题

一、填空题

1. 市场上有些蓝色托帕石是由无色托帕石先经_____使之呈_____，然后再_____处理而呈蓝色。

2. 托帕石的特征包裹体是_____。

3. 蓝色托帕石的三个商业品种分别是_____、_____、_____。

4. 托帕石属于_____晶系矿物，折射率是_____。

5. 辐照改色托帕石在国家标准中属于_____，命名时应称为_____。

二、是非题（是：Y，非：N）

1. 托帕石颜色一般不稳定，不能长时间暴晒于阳光下。（　　）

2. 托帕石有一组底面解理，因此加工时一般与底面进行一定角度的倾斜。（　　）

3. 用紫外荧光灯可以快速分辨海蓝宝石和托帕石。（　　）

4. 用显微镜观察是否有重影现象一定可以鉴别出碧玺和托帕石。（　　）

5. 皇家蓝托帕石是蓝色托帕石中价格最高的品种。（　　）

三、问答题

1. 简述如何鉴别一组刻面宝石：托帕石、海蓝宝石、磷灰石、蓝色碧玺。

2. 结合本次课任务中的托帕石，讲述如何对其进行质量评价？

任务 10　长石族宝石的鉴定 →

任务提出

1. 以小组为单位，通过肉眼观察和仪器鉴定，完成长石族宝石的鉴定检测报告。
2. 通过肉眼观察和仪器鉴定将晕彩拉长石与欧泊相区别。
3. 掌握月光效应、沙金效应、晕彩效应的概念。

相关知识

一、月光石的鉴定特征

1. 矿物名称及化学成分

月光石是正长石（$KAlSi_3O_8$）和钠长石（$NaAlSi_3O_8$）两种成分层状交互生长的宝石。

2. 晶体形态与晶面特征

月光石为单斜晶系，晶体原石一般呈板状，双晶普遍发育。

3. 光学性质

（1）颜色　一般呈无色至白色，还可见红棕色、绿色、暗褐色（图 1-10-1、图 1-10-2）。

（2）光泽及透明度　透明或半透明；抛光面呈玻璃光泽。

（3）光性　二轴晶，正光性或负光性。

（4）折射率和双折射率　折射率为 1.518 ~ 1.526（±0.010），双折射率为 0.005 ~ 0.008。

图 1-10-1　月光石

（5）多色性　一般不明显。

（6）发光性　在长波紫外光下呈弱蓝色的荧光，短波下呈弱橙红色的荧光。

（7）吸收光谱　无特征吸收光谱。

（8）特殊光学效应　月光效应：随着样品的转动，在某一角度，可见到白至蓝色的发光效应，看似朦胧月光。

4. 力学性质

（1）解理　两组夹角近 90°的解理；断口多为不平坦状、阶梯状。

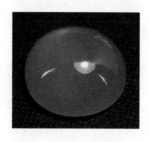

图 1-10-2　月光石

（2）硬度　摩氏硬度为 6 ~ 6.5。

（3）密度　密度为 2.55 ~ 2.61g/cm³，一般为 2.58 g/cm³。

5. 放大检查

可见由双晶和解理纹构成的"蜈蚣"状包体（图 1-10-3、图 1-10-4），还可见指纹状包体，针状包体。

图1-10-3 月光石中的"蜈蚣"状包体　　图1-10-4 月光石中的"蜈蚣"状包体

二、 天河石的鉴定特征

1. 矿物名称及化学成分

天河石又称"亚马逊石",是微斜长石中呈绿色至蓝绿色的变种,晶体化学式可写作:$KAlSi_3O_8$,并含有Rb和Cs等杂质元素。

2. 晶体形态与晶面特征

天河石为三斜晶系,晶体原石一般呈板状,双晶普遍发育。

3. 光学性质

(1) 颜色　一般呈亮绿或亮蓝色至浅蓝色,常见白色格子状、条纹状或斑纹状图案,并显示微弱的解理面闪光。(图1-10-5、图1-10-6、图1-10-7)。

图1-10-5 天河石手串　　　图1-10-6 天河石桶珠　　　图1-10-7 天河石胸针

(2) 光泽及透明度　透明至半透明;抛光面呈玻璃光泽。

(3) 光性　二轴晶,负光性。

(4) 折射率和双折射率　折射率为1.522~1.530(±0.004),双折射率为0.008。

(5) 多色性　一般不明显。

(6) 发光性　长波紫外光下呈从无至弱的黄绿色荧光,短波下无荧光。

(7) 吸收光谱　无特征吸收光谱。

4. 力学性质

(1) 解理　两组夹角近90°的解理;断口多为不平坦状、阶梯状。

(2) 硬度　摩氏硬度为6~6.5。

(3) 密度　密度为2.56(±0.02)g/cm^3。

5. 放大检查

常见网格状色斑。

三、 日光石的鉴定特征

1. 矿物名称及化学成分

日光石又称"日长石""太阳石",是钠奥长石中最重要的品种,也称为沙金长石。晶体化学

式可写作 $NaAlSi_3O_8 - CaAl_2Si_2O_8$。

2. 晶体形态与晶面特征

日光石为三斜晶系，晶体原石一般呈板状，双晶普遍发育。

3. 光学性质

（1）颜色　一般呈黄至金黄色、红橙色、橙黄至棕色。（图1-10-8、图1-10-9）。

（2）光泽及透明度　半透明。

（3）光性　二轴晶，负光性。

（4）折射率和双折射率　折射率为 1.537 ~ 1.547（+0.004，-0.006），双折射率为 0.007 ~ 0.010。

（5）多色性　一般不明显。

（6）发光性　无荧光。

（7）吸收光谱　无特征吸收光谱。

（8）特殊光学效应　沙金效应：因含有大致定向排列的金属矿物薄片，如赤铁矿和针铁矿，随着宝石的转动，能反射出红色或金色的反光。

图1-10-8　日光石

图1-10-9　日光石

4. 力学性质

（1）解理　两组夹角近90°的解理；断口多为不平坦状、阶梯状。

（2）硬度　摩氏硬度为 6 ~ 6.5。

（3）密度　密度为 $2.62 ~ 2.67g/cm^3$，常见的密度值为 $2.64 \ g/cm^3$。

5. 放大检查

常见红色或金色的板状包裹体，具金属质感。

知识卡片 1-10-1 // 草莓晶

草莓晶是近年珠宝市场上的又一新宠，粉嫩的颜色、实惠的价格以及商家对其招桃花作用的宣传使草莓晶受到了很多年轻女性的喜爱。市场上的草莓晶主要有两种：一种是受到公认的国际概念，即国际上的草莓晶，是指有红色扭曲条状内含物的红色"钛"晶（图1-10-10），与发晶一样，其主体部分为石英水晶，不同于红发晶和红兔毛里的金红石针包裹体，草莓晶里的红色金属条主要成分是红色氧化铁，因为含有丰富的铁元素，主体石英呈现红色及粉色，这种国际认可的草莓晶相对价格更高。另一种草莓晶也被称为士多梨啤晶，由其英文名称 Strawberry 音译而来，属于长石类宝石（图1-10-11），其体色一般为无色，内部含有点状红色金属包体，这种草莓晶本来是国内商家偷换概念的商品，后来却逐渐被市场认可。

图1-10-10　草莓晶（水晶）

图1-10-11　草莓晶手串（日光石）

四、 拉长石的鉴定特征

1. 矿物名称及化学成分

晶体化学式可写作：$(Ca, Na)[Al(Al, Si_3O_8)]$。

2. 晶体形态与晶面特征

拉长石为三斜晶系,晶体原石一般呈板状,双晶普遍发育。

3. 光学性质

(1) 颜色　无晕彩效应的拉长石呈浅黄色至黄色,有晕彩效应的拉长石一般为灰色至灰黄色、橙色至棕色,棕红色和绿色,具蓝色和绿色的晕彩效应。(图 1 - 10 - 12、图 1 - 10 - 13)。

(2) 光泽及透明度　透明至半透明。

(3) 光性　二轴晶,正光性或负光性。

(4) 折射率和双折射率　折射率为 1.559 ~ 1.568 (+0.005),双折射率为 0.009。

(5) 多色性　一般不明显。

(6) 发光性　无荧光。

(7) 吸收光谱　无特征吸收光谱。

(8) 特殊光学效应　晕彩效应:把宝石样品转动到某一定角度时,见整块样品亮起来,可显示蓝色、绿色以及橙色、黄色、金黄色、紫色和红色晕彩。

图 1 - 10 - 12　晕彩拉长石

图 1 - 10 - 13　晕彩拉长石

4. 力学性质

(1) 解理　两组夹角近 90° 的解理;断口多为不平坦状、阶梯状。

(2) 硬度　摩氏硬度为 6 ~ 6.5。

(3) 密度　密度为 2.70(±0.05)g/cm^3。

5. 放大检查

常见双晶纹及暗色针状包体。

 知识卡片 1 - 10 - 2　　　**长石族宝石的分类**

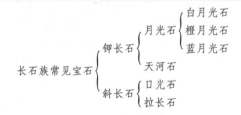

长石族常见宝石 { 钾长石 { 月光石 { 白月光石 / 橙月光石 / 蓝月光石 } / 天河石 } 斜长石 { 口光石 / 拉长石 } }

五、 晕彩拉长石与欧泊的鉴别

变彩效应较强的欧泊,尤其是一些黑欧泊外观与晕彩拉长石比较相似,二者的主要鉴别特征见表 1 - 10 - 1。

表 1 - 10 - 1　晕彩拉长石与欧泊的鉴别

宝石名称	RI	SG	Hm	放大检查
拉长石	1.559 ~ 1.568	2.70	6 ~ 6.5	内部具片状或针状磁铁矿包体,没有明显的斑块界线,而且样品转动时,整体颜色依光谱的色彩变化
欧泊	1.45	2.15	5 ~ 6	内部由彩色斑块构成,不同斑块具有不同的颜色,斑块之间界线较清晰,且随着样品的转动,每块彩色斑块的颜色会随之发生变化

🔧 任务实施

一、 准备工作

1. 了解月光石、天河石、日光石、拉长石的鉴定特征。
2. 了解拉长石与欧泊的鉴别方法。
3. 月光石、天河石、日光石、拉长石等宝石样品及鉴定仪器。

二、 实施步骤

1. 小组讨论制定鉴定方案并明确任务分配。
2. 指导教师进行鉴定演示
（未知宝石 – 长石族宝石 – 具体品种；未知宝石 – 非长石族宝石 – 宝石品种?）。
3. 小组成员对拿到手的鉴定标本进行鉴定练习，有疑问要随时提出。
4. 小组讨论完成分配到手的宝石的鉴定检测报告。

三、 任务要求

1. 鉴定过程中要注意爱护仪器、管理好鉴定样品，不能丢失或混淆鉴定样品。
2. 主要鉴定过程要有照片或视频（月光效应、沙金效应、晕彩效应视频）。

四、 任务考核

表 1 – 10 – 2　长石族宝石的鉴定过程考核标准

考 核 内 容		权重	考 核 标 准
基本素养		20%	能充分利用自主资源学习；听从指挥，服从安排，能与同学积极合作，具有团队合作精神。服装整洁、不穿拖鞋
鉴定过程（40%）	1. 仪器操作与保护	30%	鉴定仪器操作规范，使用正确。使用时避免损伤仪器，避免丢失、损坏标本
	2. 团队合作	5%	团队任务分配合理，团队成员参与度高
	3. 时间控制	5%	鉴定用时要合理，尽量快而准确
鉴定结果		40%	鉴定数值准确，结果清晰，鉴定报告规范

五、 常见问题及指导

长石族宝石的鉴别有何技巧?

四种常见的长石族宝石分别为月光石、天河石、日光石、拉长石，根据 GB/T 16552 – 2010 珠宝玉石名称，命名时可以直接以这四个名字命名该类宝石。这四种宝石的鉴别相对比较容易，根据月光效应、白色网格、沙金效应、晕彩效应可以很容易辨别。所以学习过程中，要注意观察这四种现象，并掌握月光石的"蜈蚣状"解理、日光石的红色、金色板状金属包裹体、拉长石的双晶纹、针状包裹体等特征。

六、 任务成果

简 明 检 验 报 告

NO.

样品原标名	样品	检验类别	委托检验
样品编号		接样地点	
检验要求	珠宝玉石检验	接样日期	年　月　日
委托单位	珠宝学院	检验小组	
检验依据	GB/T 16552 – 2010《珠宝玉石名称》、GB/T 16553 – 2010《珠宝玉石鉴定》		

检验项目汇总表	总质量（g）		其他特征		样品照片
	样品状态描述				
	颜色				
	光泽				
	折射率				
	双折射率				
	密度				
	紫外荧光	长波			
		短波			
	吸收光谱				
	光性特征				
	多色性				
	放大检查				
	其他检查				
检验结论					
备　　注					

批准：＿＿＿＿＿＿＿ 审核：＿＿＿＿＿＿＿ 主检：＿＿＿＿＿＿	检验单位签章： 检验日期：　年　月　日

本报告仅对受检验样品负责，本报告复印、涂改、无签名无效。

知识拓展

表 1 – 10 – 3 长石族宝石的质量评价

评价内容	评 价 及 标 准
月光石	月光石一般琢磨成珠型或弧面型来做成首饰。月光石的质量评价主要包括月光效果、月光石的净度、珠的大小（弧面型宝石大小）几个方面。优质月光石要求具有较明显、面积较大的蓝色月光，玻璃体全净，珠子直径则越大越好
天河石	颜色以纯正蓝色者为最佳，其次为稍带绿色的蓝，色正透明，且净度高的天河石价值最高。白色网格越不明显越好
日光石	以金黄色强沙金效应者为最好，颜色偏浅或偏暗，均会影响价格。日光石的透明度是非常重要的，宝石越透明，价值就越高。黄色到橘黄色，半透明，深色包体，反光效果好者为日光石的佳品
拉长石	蓝色波浪状的晕彩者为最佳，其次是黄色、粉红色、红色和黄绿色

职业资格考试练习题

一、填空题

1. 长石族宝石常见的品种有_____、_____、_____、_____等，其中属于单斜晶系的有_____。

2. 月光石产生月光效应的原因是_____。

3. 长石通常呈_____晶形，斜长石发育_____。

4. 国内的草莓晶又称_____，其实是一种_____。

5. 芬兰产的优质晕彩拉长石又称_____。

二、问答题

1. 简述长石族宝石的分类及鉴定特征。

2. 简述长石族宝石中可能出现特殊光学效应的宝石品种并解释其产生的原因。

3. 结合本次课任务中的长石族宝石讲讲如何对他们进行质量评价。

任务 11　石榴石的鉴定 →

任务提出

1. 以小组为单位，通过肉眼观察和仪器鉴定，完成石榴石的鉴定检测报告。
2. 根据肉眼观察和仪器鉴定判断石榴石品种。
3. 根据肉眼观察和仪器鉴定区分石榴石与榍石、尖晶石、锆石、金绿宝石。

相关知识

一、石榴石的鉴定特征

1. 矿物名称及化学成分

石榴石的矿物名称仍为石榴石（Garnet），晶体化学式可写作 $A_3B_2(SiO_4)_3$，不同品种石榴石 A、B 所代表的离子不同（见表 1-11-1）。

表 1-11-1　不同品种石榴石的化学成分

石榴石			
铝榴石系列		钙榴石系列	
镁铝榴石	$Mg_3Al_2(SiO_4)_3$	钙铝榴石	$Ca_3Al_2(SiO_4)_3$
铁铝榴石	$Fe_3Al_2(SiO_4)_3$	钙铁榴石	$Ca_3Fe_2(SiO_4)_3$
锰铝榴石	$Mn_3Al_2(SiO_4)_3$	钙铬榴石	$Ca_3Cr_2(SiO_4)_3$

2. 晶体形态与晶面特征

石榴石为等轴晶系，晶体原石一般呈菱形十二面体（图 1-11-1）、四角三八面体（图 1-11-2）、六八面体（图 1-11-3）以及三者的聚形，石榴石晶面上常有聚形纹。

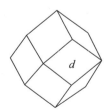
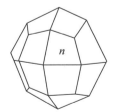

　图 1-11-1　菱形十二面体　　　图 1-11-2　四角三八面体　　　图 1-11-3　六八面体

3. 光学性质

（1）颜色　除蓝色以外，石榴石可以出现各种颜色。常见的颜色主要为以下三个系列：红色系列包括红色、粉红、紫红、橙红等；黄色系列包括黄、橘黄、蜜黄、褐黄等；绿色系列包括翠绿、橄榄绿、黄绿等。

（2）光泽及透明度　透明；玻璃光泽至亚金刚光泽，断口为油脂光泽。

（3）光性　均质体，内部晶格变动导致其在偏光镜下常出现异常消光。

（4）折射率和双折射率　铝榴石系列的折射率值在 1.710 ~ 1.830 之间；钙榴石系列的折射率值在 1.734 ~ 1.940 之间。不同品种的具体数值不同。

（5）多色性　均质体无多色性。

（6）发光性　因含铁量高，紫外灯光下一般为惰性。有些浅黄色、浅绿色钙铝榴石可呈弱橙黄色荧光。

（7）吸收光谱　不同品种石榴石吸收光谱不同。

（8）特殊光学效应　星光效应（一般四射星光）、变色效应和猫眼效应。

4. 力学性质

（1）解理　解理不发育；断口多为参差状。

（2）硬度　摩氏硬度为 7 ~ 8。

（3）密度　密度为 3.50 ~ 4.30g/cm³，不同品种的具体数值不同。

二、石榴石的品种

石榴石的类质同象广泛，根据其变化可将石榴石分为铝榴石、钙榴石两个系列，铝榴石包括镁铝榴石、锰铝榴石、铁铝榴石三个品种，钙榴石包括钙铝榴石、钙铁榴石、钙铬榴石三个品种。石榴石的六个主要品种及其主要特征见表 1-11-2。

表 1-11-2　石榴石的主要品种及特征

名称		颜色	RI	SG	吸收光谱	特征包体
铝榴石系列	镁铝榴石	红、紫红橙红	1.714 ~ 1.742 常见 1.740	3.78 (+0.09, -0.16)	564nm 宽吸收带，505nm 吸收线；优质镁铝榴石可见 Cr 吸收；铁镁铝榴石可见 504、520、573nm 明显吸收带（铁窗）	针状、不规则状、浑圆状晶体包体
	铁铝榴石	褐红、暗红至橙红	1.790 (±0.030)	4.05 (+0.25, -0.12)	铁谱：573nm 强吸收带，504、520nm（绿区）处有两条较窄的强吸收带（铁窗）	较粗的针状包体、锆石放射晕圈、不规则浑圆状晶体包体
	锰铝榴石	橙色至橙红色	1.810 (+0.004, -0.020)	4.15 (+0.05, -0.03)	锰谱：430nm、420nm 和 410nm 三条吸收线，460nm、480nm、520nm 三条吸收带	波浪状羽状体、不规则状和浑圆状晶体包体
钙榴石系列	钙铝榴石	浅至深的绿、黄色、橙红色	1.740 (+0.020, -0.010)	3.61 (+0.12, -0.04)	一般不特征，铁钙铝榴石可显示蓝区 407nm、430nm 的两条吸收带	短柱状或浑圆状晶体包体、热浪效应
	钙铁榴石	黄色、绿色、褐色、黑色	1.888 (+0.007, 0.033)	3.84 (±0.030)	440nm 强吸收带	内部洁净者较常见，可含有多种矿物包体
	钙铬榴石	绿色	1.850 (±0.030)	3.75 (±0.030)	粒度小，一般不能做宝石	

知识卡片 1 - 11 -1　　　　**石榴石的三个特殊品种**

1. 水钙铝榴石

又称青海翠、不倒翁、南非玉，是石榴石中的含水品种，晶体化学式可写作 Ca_3Al_2 $[SiO_4]_{3-x}(OH)_{4x}$，常呈绿色至蓝绿色、粉红色、白色和灰色，透明至不透明。绿色品种常作为翡翠的仿制品，粒状结构，常在白色基底上分部有团粒状的绿色（图 1 - 11 - 4）。RI = 1.72（+0.010，-0.050），SG = 3.47（+0.08，-0.32），Hm = 7，深绿色样品可显示 400~460nm 的吸收带，其他颜色的样品因含有符山石而显示 463nm 吸收线，可见典型的褐至黑色（铬铁矿）包裹体。

图 1 - 11 - 4　青海翠

2. 沙弗莱石

图 1 - 11 - 5　沙弗莱石

又称察沃石（Tsavorite），是钙铝榴石中铬、钒元素致色的品种，矿物学中称之为铬钒钙铝榴石。最早于 1967 年在坦桑尼亚被发现，但并未获得政府开采许可。1971 年在肯尼亚察沃国家公园附近又发现了新的沙弗莱石矿藏，并开始开采。1974 年，Tiffany 公司开始将沙弗莱石推向美国市场，为了纪念宝石出产地将宝石命名为 Tsavorite。沙弗莱石呈翠绿色（图 1 - 11 - 5），RI = 1.73 ~ 1.75，内部常被褐铁矿浸染，也可见石墨包裹体。粒度一般很小，市场上的沙弗莱石一般为 1ct 左右，大于 2ct 的很稀少。因同时具有美丽、耐久、稀有三大要素，沙弗莱石成为除祖母绿外最受欢迎的绿色宝石。

3. 翠榴石

是钙铁榴石中铬致色的石榴石变种，也是石榴石中除沙弗莱石另外一个较为贵重的品种。一般呈黄绿色、蓝绿色（图 1 - 11 - 6），RI = 1.888，SG = 3.81 ~ 3.87，查尔斯滤色镜下表现为红色，色散值为 0.057，火彩常常被其自身的颜色所掩盖。翠榴石具铬的吸收谱：红区 634nm、618nm 处有两条清晰的吸收线，690nm、685nm 处有弱吸收线，440nm 处可见吸收带或 440nm 以下全吸收。翠榴石可以具有变色效应，日光下呈绿黄色，白炽灯光下呈橙红色。翠榴石的主要产地为俄罗斯的乌拉尔山（具特征马尾状石棉包体）及纳米比亚。

图 1 - 11 - 6　翠榴石

三、 石榴石与相似宝石的鉴别

石榴石主要有红色、黄色、绿色三个颜色系列。与红色石榴石相似的宝石主要是红色尖晶石，与黄色石榴石相似的宝石主要是锆石，与绿色石榴石相似的宝石主要是榍石、金绿宝石。石榴石与相似宝石的鉴别见表 1 - 11 - 3。

表 1 - 11 - 3　石榴石与相似宝石的鉴别

宝石名称	光性	RI	典型光谱	其他鉴定特征
石榴石	I	1.714 ~ 1.740 或 >1.81	铬谱、铁谱和锰谱等	无荧光；浑圆状晶体包体、热浪效应；无多色性
红尖晶石	I	1.718	铬谱	红色荧光；八面体尖晶石包体；无多色性
锆石	U +	>1.81	653.5nm 吸收线	双影；黄色荧光；多色性
榍石	B +	>1.81	580nm 双吸收线	双影；指纹状包体；明显多色性
金绿宝石	B +	1.746 ~ 1.755	445nm 吸收带	无荧光；丝状物包体；双晶滑动面

知识卡片 1-11-2 //// **石榴石拼合石**

以石榴石为材料的拼合石是拼合宝石中最常见的一种。石榴石拼合石通常是二层石，顶层为石榴石薄层，底层为玻璃，目的是为了提高玻璃仿制品的光泽和硬度，加强耐久性。石榴石拼合石可以用来模仿各种天然的宝石。如以红色石榴石为顶、绿玻璃为底的拼合石用于模仿祖母绿，这种拼合石的鉴别方法是观察"红圈效应"，检查时需将拼合石亭尖朝上，置于白色背景上，用点光源照射，可见沿腰围内红色圈痕；此外用高倍放大镜或显微镜沿拼合石亭部仔细观察，可见一个闭合的拼合线，拼合的胶质层内可见气泡，拼合石上下两层颜色、折射率、包体特征通常不一致。

任务实施

一、 准备工作

1. 了解各品种石榴石的鉴定特征。
2. 了解石榴石与相似宝石的鉴别特征。
3. 石榴石、榍石、金绿宝石、尖晶石等宝石样品及鉴定仪器。

二、 实施步骤

1. 小组讨论制定鉴定方案并明确任务分配。
2. 指导教师进行鉴定演示

（未知宝石 – 石榴石 – 具体品种；未知宝石 – 非石榴石 – 宝石品种？）。
3. 小组成员对拿到手的鉴定标本进行鉴定练习，有疑问要随时提出。
4. 小组讨论完成分配到手的宝石的鉴定检测报告。

三、 任务要求

1. 鉴定过程中要注意爱护仪器、管理好鉴定样品，不能丢失或混淆鉴定样品。
2. 主要鉴定过程要有照片或视频。

四、 任务考核

表 1-11-4　石榴石的鉴定过程考核标准

考　核　内　容		权重	考　核　标　准
基本素养		20%	能充分利用自主资源学习；听从指挥，服从安排，能与同学积极合作，具有团队合作精神。服装整洁、不穿拖鞋
鉴定过程 （40%）	1. 仪器操作与保护	30%	鉴定仪器操作规范，使用正确。使用时避免损伤仪器，避免丢失、损坏标本
	2. 团队合作	5%	团队任务分配合理，团队成员参与度高
	3. 时间控制	5%	鉴定用时要合理，尽量快而准确
鉴定结果		40%	鉴定数值准确，结果清晰，鉴定报告规范

五、 常见问题及指导

1. 用正交偏光镜观察石榴石的光性时看见的现象是四明四暗，为什么？

石榴石是均质体，正交偏光镜下转动宝石 360° 应该是全消光现象，但是由于石榴石内部晶格异常，正交偏光镜下显示的是异常消光现象，类似四明四暗。

2. 石榴石的标准名称有哪些？

根据 GB/T 16552 - 2010 珠宝玉石名称，石榴石的标准名称包括石榴石、镁铝榴石、铁铝榴石、锰铝榴石、钙铝榴石、钙铁榴石、钙铬榴石、翠榴石、黑榴石。

六、 任务成果

简 明 检 验 报 告

NO.

样品原标名	样品		检验类别	委托检验	
样品编号			接样地点		
检验要求	珠宝玉石检验		接样日期	年　月　日	
委托单位	珠宝学院		检验小组		
检验依据	GB/T 16552 - 2010《珠宝玉石名称》、GB/T 16553 - 2010《珠宝玉石鉴定》				
检验项目汇总表	总质量（g）		其他特征		样品照片
	样品状态描述				
	颜色				
	光泽				
	折射率				
	双折射率				
	密度				
	紫外荧光	长波			
		短波			
	吸收光谱				
	光性特征				
	多色性				
	放大检查				
	其他检查				
检验结论					
备　注					
批准：_____	检验单位签章：				
审核：_____					
主检：_____				检验日期：　年 月 日	

本报告仅对受检验样品负责，本报告复印、涂改、无签名无效。

知识拓展

表 1 - 11 - 5 石榴石的质量评价

评价内容	评 价 及 标 准
总体评价	石榴石属中低档宝石。唯沙弗莱石、翠榴石因颜色鲜艳、产地稀少、产量很低等原因，具有很高的价值，可跻身于高档宝石之列
颜色	颜色是决定石榴石价值的首要因素。翠绿色的石榴石品种（沙弗莱石、翠榴石）在价格上要高于其他颜色的石榴石，优质者价格可接近甚至超过同样颜色祖母绿的价格 除绿色之外，芬达色锰铝榴石、红色的镁铝榴石、暗红色的铁铝榴石价格依次降低
其他因素	内部洁净、透明度高、颗粒大、切工完美者，具有较高的价值

职业资格考试练习题

一、填空题

1. 石榴石常见的晶形有_____、_____及上述二者的聚形。石榴石的颜色常分为三大系列，分别是_____、_____、_____。

2. 石榴石主要有两个类质同象系列，钙榴石系列的主要品种有_____、_____、_____，铝榴石系列的主要品种有_____、_____、_____。

3. 宝石级水钙铝榴石的颜色以_____为主，点测法折射率的实测值为_____，在查尔斯滤色镜下_____。

4. 当钙铝榴石中的 Ca^{2+} 被_____取代时，称为_____，又称为_____，其颜色为_____。

5. 锰铝榴石又称_____，因其呈现的颜色类似于_____。

二、是非题（是：Y，非：N）

1. 翠榴石都有马尾状包裹体。（   ）

2. 翠榴石因色散值比钻石大，所以可以看到比钻石更强的火彩。（   ）

3. 翠榴石是钙铬榴石的一个变种，主要产于俄罗斯的乌拉尔山脉。（   ）

4. 铁铝榴石可以由不在同一平面的三组金红石包体而产生星光效应。（   ）

5. 沙弗莱石又称察沃石，是含有铬钒元素的翠绿色钙铝榴石。（   ）

三、问答题

1. 简述石榴石中可能出现的特殊光学效应及其出现的原因。

2. 简述石榴石族宝石的分类及其鉴定特征。

3. 结合本次课任务中的石榴石讲讲如何对他们进行质量评价。

任务 12　水晶的鉴定 →

任务提出

1. 以小组为单位，通过肉眼观察和仪器鉴定，完成水晶的鉴定检测报告。
2. 通过肉眼及仪器将水晶与相似宝石相区别。
3. 判断水晶的品种并合理命名。

相关知识

一、水晶的鉴定特征

1. 矿物名称及化学成分

水晶的矿物名称为石英（Quartz），晶体化学式可写作 SiO_2。纯净的 SiO_2 是无色透明的晶体，当含有微量的杂质元素 Al、Fe 等时，经辐照形成不同类型的色心而呈现多种颜色。

2. 晶体形态与晶面特征

水晶属于三方晶系，常见完好的柱状晶形，柱面横纹发育。一般呈六方柱与三方单锥或双锥的聚形（图 1-12-1、图 1-12-2）。常可形成晶簇（图 1-12-3）。水晶中双晶十分普遍，常见道芬双晶、巴西双晶、日本双晶等。

图 1-12-1　水晶晶体　　　　图 1-12-2　水晶晶体　　　　图 1-12-3　水晶晶簇

3. 光学性质

（1）颜色　水晶的颜色可有无色、紫色、黄色、粉红色、不同程度的褐色至黑色、绿色（图 1-12-4、图 1-12-5、图 1-12-6）。

图 1-12-4　紫晶吊坠　　　　图 1-12-5　发晶吊坠　　　　图 1-12-6　芙蓉石吊坠

（2）光泽及透明度　玻璃光泽，断口呈油脂光泽；透明至半透明。

（3）光性　非均质体，一轴晶，正光性。水晶的一轴晶干涉图为特殊的空心黑十字状，又称"牛眼"状干涉图。

（4）折射率和双折射率　折射率为1.544～1.553；双折射率为0.009（最大），一般比较稳定。

（5）多色性　无色水晶没有多色性，其他颜色水晶的多色性随体色深浅变化由弱至明显，且颜色越深，多色性越明显。

（6）发光性　紫外灯下无荧光。

（7）吸收光谱　无特征吸收光谱。

（8）特殊光学效应　猫眼效应、星光效应（一般出现在粉水晶中，常见六射星光）。

4. 力学性质

（1）解理　无解理；具典型的贝壳状断口。

（2）硬度　摩氏硬度为7。

（3）密度　水晶的密度2.65（+0.03，-0.02）g/cm^3。

5. 放大检查

（1）流体包体　常见不规则排列的气液二相或气、液、固三相包体、负晶等。

（2）固态包体　常见金红石、电气石及其他矿物的针状包裹体形成发晶。此外，还可见方解石、云母、板钛矿、钛铁矿、黑钨矿、赤铁矿、褐铁矿等矿物包体。

（3）色带　紫水晶常见色带。

知识卡片 1-12-1　　**宝石的双晶律**

1. 双晶律的定义

指双晶中单晶体间相互连生的规律。

2. 双晶律的命名

双晶律经常被赋予特定的名称。其命名原则大致如下：

1) 以经常具该双晶的特征矿物名称命名。如尖晶石族矿物中以（111）为双晶面的称尖晶石律。

2) 以最初发现该双晶的地名命名。如长石中以C轴，即（001）晶带轴为双晶轴的卡尔斯巴律双晶。

3) 以双晶的形状命名。如金红石族矿物中以（101）为双晶面的膝状双晶律（又称肘状双晶）。

4) 以双晶面和接合面命名。如方解石中以负菱面体的晶面（012）为双晶面和接合面的双晶即称为负菱面双晶律。

3. 双晶律的存在与晶体的利用

双晶律的存在对于晶体的利用一般是有害的。如水晶，具有道芬律双晶时，两单晶体中电轴的正负端正好相反，使压电效应相互抵消而不能用作压电材料；当存在巴西律双晶时，两单晶体的旋光方向也正好相反，既不能作为压电材料，也不能用作光学材料。

二、水晶的品种

1. 水晶（Crystal）

水晶，即为白水晶，是纯净的二氧化硅单晶体，无色透明。常用来做项链、手链、水晶球及各种摆件（图1-12-7）。水晶常见于晶簇（图1-12-8）、晶洞或伟晶岩中，单晶以六方柱状晶体为主，有时以双尖（双端锥状）晶体产出。

水晶内部常见负晶、流体包体、多相包裹体及各种固态包裹体。固态包体最常见的是金红石、电气石、阳起石，呈细小的针状、纤维状定向排列，犹如发丝，传统上把这类水晶称为发晶（图1-12-9）。

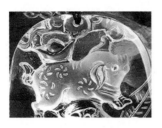
图1-12-7 水晶摆件

图1-12-8 水晶晶簇

图1-12-9 发晶

2. 紫晶（Amethyst）

浅至深色的紫色水晶，颜色常常不均匀，可见紫色、无色色带平行相间分布，有时可见到色块，偶尔也可见颜色呈不规则的团块状、絮状（图1-12-10、图1-12-11）。浅紫色水晶仅有微弱的多色性，为浅褐紫/浅紫；深色紫晶可见明显的红紫/紫色、蓝紫/紫色两种类型的多色性。偏光镜下因双晶的作用，紫晶可见"螺旋桨"状的黑十字干涉图而非"牛眼"状干涉图。

图1-12-10 紫晶晶体

紫晶的紫色是因 Fe^{3+} 代替 Si^{4+} 而形成空穴色心所致。在高温加热情况下，色心会遭受破坏而褪色或者完全消退，约加热到240℃~270℃变成黄色。热处理可使紫色变成黄色、棕色、无色、绿色等。

紫晶内部一般含有较为丰富的气液包体以及棉絮状、羽状裂隙，很少会出现大量的固态包体。

3. 黄晶（Citrine）

浅黄、中至深黄色的水晶，一般透明度较高（图1-12-12、图1-12-13），内部特征与紫晶相同。黄晶在自然界产出较少，常同紫晶及水晶晶簇伴生，主要产于巴西。目前市场上流行的黄晶多数是由紫晶加热处理而成。

图1-12-11 紫晶饰品

黄晶的黄色与成分中含有微量 Fe^{2+}、Fe^{3+} 和结构水有关。

图1-12-12 黄晶晶体

图1-12-13 黄晶刻面裸石

图1-12-14 烟晶饰品

4. 烟晶（Smoky Quartz）

浅至深褐、棕色的水晶，也称茶晶（图1-12-14）。颜色不均匀，可呈细密的带状或斑块状，烟晶加热后可变成无色水晶，反过来无色水晶辐照可变成烟晶。

烟晶主要用于制作眼镜、烟壶、摆件等。其颜色是成分中微量的 Al^{3+} 代替 Si^{4+}，受辐照后产生空穴色心所致。

5. 芙蓉石（Rose Quartz）

浅至中粉红色的水晶，又称"蔷薇水晶"。色调较浅，因成分中含有微量的锰元素以及钛元素而致色。单晶体少见，通常为致密块状（图1-12-15）；半透明，多成云雾状。多色性弱，呈无色/淡粉色。当芙蓉石内含有针状金红石包裹体时，经琢磨可显示六射星光效应（图1-12-

16）。

芙蓉石颜色不稳定，在空气中加热可褪色，在阳光下暴晒颜色会变淡。

6. 紫黄晶（Ametrine）

紫色和黄色共存一体的水晶（图1－12－17），紫色、黄色分别占据晶块的一部分，两种颜色的交接处有着清楚的界限。紫黄双色是由于双晶所致。

图1－12－15　致密块状芙蓉石　　　图1－12－16　有六射星光的芙蓉石　　　图1－12－17　紫黄晶饰品

7. 绿水晶（Green Quartz）

一种稀少的绿~黄绿色水晶，其颜色与Fe^{2+}有关。市场上几乎不存在天然产出的绿水晶，它们是紫水晶在加热成黄水晶过程中出现的一种中间产物。

8. 幽灵水晶（Phantom Crystal）

透明的白水晶里，因火山泥矿物包体而形成有天然异象的水晶（图1－12－18、图1－12－19）。因火山泥颜色的不同，会形成绿幽灵水晶、红幽灵水晶、黄幽灵水晶等。火山泥矿物质在晶体中常常以云雾、水草等天然的现象显现。

图1－12－18　幽灵水晶　　　图1－12－19　幽灵水晶　　　图1－12－20　水胆水晶

9. 水胆水晶

透明水晶晶体的内部含有较大的液态包体被称作水胆水晶（图1－12－20）。有些大型水胆水晶的晶体在摇晃时，还能看到液体的滚动。这种水晶的形成是由于其晶体生长速度较快，与它混在一起的岩浆热液、水溶液等被包裹所致。其形成温度约在579℃以上，可能蕴含在各种颜色的水晶之内。

10. 发晶

无色透明的水晶晶体中含有纤维状、草束状、针状、丝状、放射状的金红石、电气石、角闪石等固态包体，这些包体犹如发丝，这类水晶称为发晶（图1－12－9）。发晶包体常见颜色有金黄色、铜红色、绿色、银白色和黑色。

11. 石英猫眼

当水晶中含有大量平行排列的纤维状包体，如石棉纤维时，其弧面形宝石表面可显示猫眼效应，称为石英猫眼。

知识卡片 1-12-2 //// 马粉与莫桑粉

1. 马粉

　　指的是产自马达加斯加的粉水晶。颜色红艳、多偏桃红色，晶体多白纹、棉裂。高级别的马粉颜色偏紫，有果冻的感觉，这样的马粉被称为果冻体。但是马粉多白纹，一般的品种都不可避免地会有些白纹，白纹比较多的被称为奶油体，白纹较少的称为半果冻体。

2. 莫桑粉

　　指的是产自莫桑比克的粉水晶。莫桑粉的价格比较高，以带星光的为最顶级。与马粉相比，莫桑粉一般全净，有种雾蒙蒙的感觉，粉得很娇嫩。没有石纹，也没有裂纹。

三、水晶与相似宝石的鉴别

　　与无色水晶相似的宝石主要是无色长石、无色托帕石；与紫水晶相似的宝石有紫色方柱石、堇青石、萤石（图1-12-21）；与黄水晶相似的宝石有黄色方柱石、黄色托帕石、黄色长石（图1-12-22）。具体鉴别方法见表1-12-1。

紫晶　　　　　　　　　紫色方柱石　　　　　　　　堇青石

图1-12-21　紫晶、紫色方柱石和堇青石的比较

黄晶　　　　　　　　　黄色方柱石　　　　　　　　黄色托帕石

图1-12-22　黄晶、黄色方柱石和黄色托帕石的比较

表1-12-1　水晶与相似宝石的鉴别

宝石名称	RI	SG	多色性	光性	其他鉴定特征
水晶	1.544~1.543	2.65	与体色相关	U+	无荧光；放大检查可见三相包裹体；紫晶可见色带；无色水晶泛油脂光泽
无色长石	1.52~1.57	2.60~2.75	无	B+/-	"蜈蚣状"包体；阶梯状断口
方柱石	1.550~1.564	2.60~2.74	明显	U-	紫色方柱石颜色均匀，多色性明显；黄色方柱石双影，荧光明显；管状包体
堇青石	1.542~1.551	2.60	明显	B±	三色性表现为黄紫、黄、蓝色，肉眼可见，无荧光，铁吸收谱

（续）

宝石名称	RI	SG	多色性	光性	其他鉴定特征
托帕石	1.619～1.627	3.53	与体色相关	B＋	荧光；颜色均匀；眼睛状包体
萤石	1.434	3.18	无	I	硬度低；阳光下颜色偏暗；四组完全解理；可见色带；磷光明显

四、 水晶的优化处理

水晶最常见的优化处理方式有热处理、辐照处理、染色处理、拼合处理、水胆的注水处理等。

1. 热处理（优化）

目的：把颜色差的紫晶变成紫色、蓝色、橙黄和绿色等。

稳定性：颜色不稳定，时间长了会发生褪色。

鉴定方法：放大检查可见紫晶含有的棕黄色针铁矿包裹体经过加热，其中针铁矿脱水变成棕红色的赤铁矿。

2. 辐照处理（优化）

目的：把无色水晶变成烟晶。

3. 染色处理

目的：改变水晶的颜色，把无色水晶变成各种需要的颜色。

鉴定方法：染色水晶有明显的炸裂纹，呈网格状分布，放大检查会发现颜色全部集中在裂隙中。

4. 拼合处理

目的：把无色水晶和带包裹体的水晶拼合在一起，增加立体感或者制造幽灵水晶。

鉴定方法：黏合的缝隙常有气泡，黏合处硬度小，用小刀能划动。

5. 注水处理

目的：利用裂隙、空洞对水晶进行注水，以此冒充水胆水晶。

鉴定方法：胆壁有人工痕迹，用针轻轻刻画，若发现有胶质或蜡质填充的空洞或裂隙，则有可能经过注水处理。

五、 合成水晶、 人造水晶和熔炼水晶

1. 合成水晶

定义：合成水晶是在种晶的基底上生长起来的一种晶体；采用水热法，在高压釜内一定理想化条件下生长的晶体。合成水晶与天然水晶的物理化学性质基本一致。常见品种为合成无色水晶、合成紫晶（图1-12-23）、合成黄晶和少量的绿色、蓝色及黄、绿双色等合成水晶。

鉴定：合成水晶的颜色均匀、统一，且呆板、发假；种晶板与后期生长晶体之间有清楚的界限和颜色差异；天然水晶内多为细小的气液两相包裹体，而合成水晶中的包体主要是锥辉石，表现为均一细小的雏晶；合成紫晶与合成黄水晶中的色带仅出现一组且平行于种晶板，天然水晶则是立体团块雾状的色带；合成水晶中可见牛眼干涉图，在双晶区域却看不到"螺旋桨"干涉图。

2. 人造水晶

定义：是指人工制造的一些类似水晶的材料，其绝大多数都是高净度的玻璃，其材料为铅玻璃，一般所含氧化铅的比例达到24%以上、折射率达到1.545。例如施华洛世奇水晶。

鉴定：玻璃里常见规则气泡、包裹体；硬度只有5.5～6；无多色性。

3. 熔炼水晶

定义：是指采用石英粉、玻璃、天然水晶的边角料或粉末经过人工熔化后冷却凝固的固体，不具有晶体构造。

鉴定：有肉眼可见的气泡，放大检查可看见旋涡状或弧形弯曲状的熔融液体线纹，用舌尖舔触，天然水晶有冰凉感，而熔炼水晶则和玻璃一样有温感。

合成紫晶

人造水晶

熔炼水晶红水晶球

图 1-12-23 合成紫晶、人造水晶和熔炼水晶

任务实施

一、 准备工作

1. 了解水晶的鉴定特征。
2. 了解水晶与方柱石、堇青石、托帕石、长石的鉴别方法。
3. 水晶、方柱石、堇青石、托帕石等标本及鉴定仪器。

二、 实施步骤

1. 小组讨论制定鉴定方案并明确任务分配。
2. 指导教师进行鉴定演示

（未知宝石 - 水晶 - 具体品种；未知宝石 - 不是水晶 - 宝石品种？）。

3. 小组成员对拿到手的鉴定标本进行鉴定练习，有疑问要随时提出。
4. 小组讨论完成分配到手的宝石的鉴定检测报告。

三、 任务要求

1. 鉴定过程中要注意爱护仪器、管理好鉴定样品，不能丢失或混淆鉴定样品。
2. 主要鉴定过程要有照片或视频。

四、 任务考核

表 1-12-2 水晶的鉴定过程考核标准

考 核 内 容		权重	考 核 标 准
基本素养		20%	能充分利用自主资源学习；听从指挥，服从安排，能与同学积极合作，具有团队合作精神。服装整洁、不穿拖鞋
鉴定过程（40%）	1. 仪器操作与保护	30%	鉴定仪器操作规范，使用正确。使用时避免损伤仪器，避免丢失、损坏标本
	2. 团队合作	5%	团队任务分配合理，团队成员参与度高
	3. 时间控制	5%	鉴定用时要合理，尽量快而准确
鉴定结果		40%	鉴定数值准确，结果清晰，鉴定报告规范

五、 常见问题及指导

1. 如何利用偏光镜快速鉴别水晶?

水晶为非均质体宝石,在偏光镜下呈四明四暗现象。利用偏光镜中的干涉球观察水晶颜色最亮的地方可见特殊的"牛眼"状干涉图(中空的黑十字),这是其他宝石不具备的。

此外,紫晶因为双晶的作用显示"螺旋桨"状的黑十字图。

2. 水晶的标准名称有哪些?

根据 GB/T 16552 – 2010 珠宝玉石名称,水晶的标准名称有水晶、紫晶、黄晶、烟晶、绿水晶、芙蓉石、发晶。

六、 任务成果

简 明 检 验 报 告

NO.

样品原标名		样品	检验类别	委托检验	
样品编号			接样地点		
检验要求		珠宝玉石检验	接样日期	年 月 日	
委托单位		珠宝学院	检验小组		
检验依据		GB/T 16552 – 2010《珠宝玉石名称》、GB/T 16553 – 2010《珠宝玉石鉴定》			
检验项目汇总表	总质量(g)		其他特征		样品照片
	样品状态描述				
	颜色				
	光泽				
	折射率				
	双折射率				
	密度				
	紫外荧光	长波			
		短波			
	吸收光谱				
	光性特征				
	多色性				
	放大检查				
	其他检查				
检验结论					
备 注					
批准:_____ 审核:_____ 主检:_____		检验单位签章:			
				检验日期: 年 月 日	

本报告仅对受检验样品负责,本报告复印、涂改、无签名无效。

知识拓展

表 1-12-3　水晶的质量评价

评价内容	评 价 及 标 准
颜色	有色水晶以颜色纯正，浓度较高，分布均匀为佳；紫晶和黄晶是常见水晶中价值较高的品种；紫晶以少有云状物、颜色深紫、晶体通透为上品
净度	内部无瑕疵，杂质、裂纹越少越好。以晶莹美丽、洁净透明为佳
透明度	水晶越透明，价格就越高；光学水晶要求全透明、无双晶、无杂质。工艺水晶要求透明，少裂、少瑕疵
包裹体	针状包裹体呈束状排列或包裹体形成景观图案美观有意境时，价值高于普通水晶，如发晶和幽灵水晶 发晶的价值取决于晶体无色通透，发色鲜艳和块度大小；水胆水晶的价值主要取决于水胆及晶体的大小、透明度的高低
特殊光学效应	有猫眼、星光效应的水晶价值高于同等质量的普通水晶
主要产地	巴西、乌拉圭、美国、俄罗斯、马达加斯加以及中国的江苏、海南、四川、新疆等

职业资格考试练习题

一、填空题

1. 紫黄晶的双色是_____所致，且两种颜色_____。

2. 水晶常见的双晶律有_____、_____、_____。其中有_____、_____的水晶不具有压电效应，不能作为压电材料。

3. 无色水晶通过辐照对颜色进行处理会将无色水晶处理成_____。

4. 合成紫晶的色带仅出现一组且平行于_____，天然紫晶呈_____的色带。

5. 利用紫外荧光灯来鉴别黄晶和黄色方柱石，是因为黄晶_____，黄色方柱石_____。

6. 幽灵水晶因为内含物的形态特点而分类，其中，_____、金字塔幽灵水晶、千层幽灵水晶均属幽灵水晶中的佳品。

二、是非题（是：Y，非：N）

1. 合成水晶的内部也有色带分布。(　　　)

2. 水晶的颜色越深价值越高。(　　　)

3. 市面上的黄晶有很大一部分是由紫晶加热优化成的。(　　　)

4. 天然发晶内的针状纤维束排序整齐，方向一致。(　　　)

5. 黄色的托帕石和黄晶可以从重量上来鉴别。(　　　)

6. 无色的长石和无色的水晶在偏光镜下都是"牛眼状"干涉图。(　　　)

7. 施华洛世奇水晶是天然水晶。(　　　)

三、问答题

1. 用重液测试法测定水晶和托帕石，会出现什么现象？

2. 如何区别天然紫晶和紫色方柱石？

3. 结合本次任务中的水晶谈谈如何对他们进行质量评价？

任务 13 天然宝石仿制品 (合成立方氧化锆) 的鉴定

→

任务提出

1. 以小组为单位，通过肉眼观察和仪器鉴定，完成合成立方氧化锆的鉴定检测报告。
2. 通过肉眼及仪器将合成立方氧化锆与玻璃相区别。

相关知识

一、 合成立方氧化锆的鉴定特征

1. 名称及化学成分

合成立方氧化锆英文名称为 Cubic Zircon，简称 CZ。化学成分为 ZrO_2，常加 CaO 或 Y_2O_3 做稳定剂，另加多种致色元素（包括 Nd、Co、Ce、Pr、Ti、Cr 等）。

2. 晶体形态与晶面特征

合成立方氧化锆属于等轴晶系宝石，一般用冷坩埚法合成，生长出来的晶块呈不规则柱状体。

3. 光学性质

（1）颜色 纯净的 CZ 晶体无色，因所加致色元素不同可呈各种颜色，常见有无色、粉色、红色、黄色、橙色、蓝色和黑色等（图1-13-1）。

图1-13-1 各种颜色的合成立方氧化锆

（2）光泽及透明度 亚金刚光泽；透明。

（3）光性 均质体。

（4）折射率 折射率为 2.15（+0.030），无双折射率。

（5）多色性 无多色性。

（6）发光性 无色 CZ 在短波紫外线下呈弱至中的橙黄色荧光，长波紫外线下呈中至强的绿黄或橙黄色荧光。其他颜色的 CZ 发光性因颜色而异。

（7）吸收光谱 因致色元素而异。

（8）色散 合成立方氧化锆的色散值为 0.060。

4. 力学性质

（1）解理 无解理；贝壳状断口。

（2）硬度 摩氏硬度为 8.5。

（3）密度 密度为 5.80（+0.20，-0.20）g/cm^3。

5. 放大检查

立方氧化锆晶体内部一般非常洁净，只有少数产品可能会因冷却速度过快而产生气态包体或裂纹。还有些靠近熔壳的合成立方氧化锆晶体内可能有未完全熔化的面包屑状的氧化锆粉末。

二、 合成立方氧化锆的品种

1. 无色合成立方氧化锆

用冷坩埚法合成，整个生长过程约为 20 小时。每一炉最多可生长 60kg 晶体。因为无色合成立方氧化锆在光学性质上与钻石很接近，常常被用做钻石的替代品。

2. 彩色合成立方氧化锆

合成晶体时在原料内加入不同的金属氧化物，就可以得到不同颜色的彩色立方氧化锆晶体（图 1 – 13 – 2）。金属氧化物与颜色的对应如下：

铈：黄色、橙色、红色；　　　　铬：绿色；　　　　钕：紫色；

铒：粉红色；　　　　　　　　　钛：金棕色。

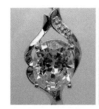

图 1 – 13 – 2　合成立方氧化锆饰品

粉红色合成立方氧化锆表现出非均质性和弱多色性且内含大量定向排列的白色脱溶物，其余的合成立方氧化锆为均质性，内部洁净；不同颜色的立方氧化锆的吸收光谱、紫外荧光以及滤色镜下的变色情况均存在差异。

知识卡片 1 – 13 – 1　　　　**天然锆石与立方氧化锆（CZ）的区别**

成分：天然锆石是硅酸盐类矿物，是自然界中存在的天然矿物晶体；CZ 是用人工方法合成生长出来的晶体，主要成分是氧化锆。

区别：天然锆石的双折射率为 0.001 – 0.059，CZ 无双折射率；放大检查天然锆石常见矿物包体，重影明显，CZ 内部纯净；存量天然锆石比较稀少，CZ 有大量的产出；CZ 的价格远低于天然锆石的价格。

注意：市场上卖家常说的"锆石"，一般指的是"CZ"立方氧化锆，而非天然锆石。

三、 合成立方氧化锆与钻石、 玻璃的鉴别

合成立方氧化锆透明度和净度都可以达到较高的水准，无色合成立方氧化锆常会被用做仿钻石制品，从外观上与玻璃也很相似。具体鉴别方法见表 1 – 13 – 1。

表 1 – 13 – 1　合成立方氧化锆与钻石、玻璃的鉴别

宝石名称	RI	DIS	SG	Hm	其他鉴定特征
合成立方氧化锆	2.15（+0.030）	0.06	5.80	8.5~9.0	钻石热导仪下无反应；净度较好；颜色可以达到钻石"D"色的级别但色调发白不自然
钻石	2.417	0.044	3.52	10	钻石热导仪下发出蜂鸣声；放大观察有矿物包体和生长纹；多数钻石都带有浅黄色调
玻璃	1.47~1.70	—	2.20~6.30	5~6	放大检查可见旋涡纹和气泡；常见棱线磨损

知识卡片 1 – 13 – 2 //// **GB/T 16552 –2010 珠宝玉石名称 定名规则**

1. 人造宝石

必须在材料名称前加"人造"二字,"玻璃""塑料"除外。

1)禁止使用生产厂、制造商的名称直接定名。

2)禁止使用易混淆或含混不清的名称定名,如奥地利钻石。

3)禁止使用生产方法直接定名。

2. 拼合宝石

必须在组成材料名称之后加"拼合石"三字或在其前后加"拼合"二字。

1)可逐层写出组成材料名称,如蓝宝石、合成蓝宝石拼合石。

2)可只写出主要材料名称,如蓝宝石拼合石或拼合蓝宝石。

3. 再造宝石

必须在所组成天然珠宝玉石基本名称前加"再造"二字。如再造琥珀、再造绿松石。

任务实施

一、 准备工作

1. 了解合成立方氧化锆的鉴定特征。

2. 了解合成立方氧化锆与钻石、玻璃的鉴别方法。

3. 合成立方氧化锆、钻石、铅玻璃等宝石标本与宝石鉴定仪器。

二、 实施步骤

1. 小组讨论制定鉴定方案并明确任务分配。

2. 指导教师进行鉴定演示

(未知宝石 – 合成立方氧化锆;未知宝石 – 不是合成立方氧化锆 – 宝石品种?)。

3. 小组成员对拿到手的鉴定标本进行鉴定练习,有疑问要随时提出。

4. 小组讨论完成分配到手的宝石的鉴定检测报告。

三、 任务要求

1. 鉴定过程中要注意爱护仪器、管理好鉴定样品,不能丢失或混淆鉴定样品。

2. 主要鉴定过程要有照片或视频。

四、 任务考核

表 1 – 13 – 2 合成立方氧化氧化锆的鉴定过程考核标准

考核内容		权重	考核标准
基本素养		20%	能充分利用自主资源学习;听从指挥,服从安排,能与同学积极合作,具有团队合作精神。服装整洁、不穿拖鞋
鉴定过程 (40%)	1. 仪器操作与保护	30%	鉴定仪器操作规范,使用正确。使用时避免损伤仪器,避免丢失、损坏标本
	2. 团队合作	5%	团队任务分配合理,团队成员参与度高
	3. 时间控制	5%	鉴定用时要合理,尽量快而准确
鉴定结果		40%	鉴定数值准确,结果清晰,鉴定报告规范

五、 常见问题及指导

如何通过放大观察宝石的切工和形态，简单鉴别钻石、 合成立方氧化锆与玻璃？

合成立方氧化锆、钻石、铅玻璃的硬度不同，加工成同一种琢型的刻面宝石时切工数据不同，所以刻面宝石的形态有所区别；在切工中体现的棱的形态也有所不同，钻石的刻面棱清晰锐利，合成立方氧化锆的刻面棱没有钻石锐利，铅玻璃的刻面棱圆而模糊；在对比观察中可以区分。

六、 任务成果

简 明 检 验 报 告

NO.

样品原标名	样品	检验类别	委托检验	
样品编号		接样地点		
检验要求	珠宝玉石检验	接样日期	年 月 日	
委托单位	珠宝学院	检验小组		
检验依据	GB/T 16552－2010《珠宝玉石名称》、GB/T 16553－2010《珠宝玉石鉴定》			

检验项目汇总表	总质量（g）		其他特征		样品照片
	样品状态描述				
	颜色				
	光泽				
	折射率				
	双折射率				
	密度				
	紫外荧光	长波			
		短波			
	吸收光谱				
	光性特征				
	多色性				
	放大检查				
	其他检查				
检验结论					
备 注					

批准：_____　　审核：_____　　主检：_____

检验单位签章：

检验日期： 年 月 日

本报告仅对受检验样品负责，本报告复印、涂改、无签名无效。

知识拓展

表 1-13-3 合成立方氧化锆的质量评价

评价内容	评 价 及 标 准
颜色	海蓝色、苹果绿、绿、红、蓝、咖啡色较贵，其他颜色（白、黑、香槟、粉红、金黄、紫蓝、紫红、橘红、石榴红、橄榄绿等）相差不多
净度	颜色相同的情况下，净度越好，价格越高
透明度	同等条件下透明度越高，品质越好
切工	比例对称、抛光好；切工的琢型不常见、稀少的价格较高
主要产地	中国、瑞士、美国、韩国、俄罗斯、中国台湾

职业资格考试练习题

一、填空题

1. 因为合成立方氧化锆具有_____性，而钻石具有_____性，所以可以用热导仪来区分它们。

2. 合成立方氧化锆还有一个别称叫作_____钻，通常人们还用它的外文缩写字母来称呼它，叫作_____。

3. 合成立方氧化锆被用作宝石的替代品，具有净度高、颜色丰富、_____的特点。

4. 合成立方氧化锆的色散值为_____，钻石的色散值为_____，所以合成立方氧化锆的火彩比钻石_____。

5. 合成立方氧化锆的比重是钻石的_____倍，故它的手感相比钻石沉重。

6. 彩色的合成立方氧化锆是在合成晶体的过程中加入了不同的_____，从而生成了不同颜色的合成立方氧化锆晶体。

二、是非题（是：Y，非：N）

1. 市面上称作"水钻"的用于镶嵌的宝石，是硅酸锆石。（　　）

2. 用合成立方氧化锆替代的钻石产品，不具备钻石的火彩。（　　）

3. 合成立方氧化锆加工成的刻面宝石，见不到刻面棱重影线的现象。（　　）

4. 一颗钻石仿品有很好的火彩，首先考虑这是一颗玻璃替代品。（　　）

5. 用合成立方氧化锆制成的刻面宝石，刻面棱圆滑不锐利。（　　）

6. 合成立方氧化锆被称为"CZ"或者是"瑞士钻"。（　　）

7. 合成立方氧化锆内部净度很好，少有瑕疵。（　　）

三、问答题

在没有鉴定仪器的情况下，如何鉴别合成立方氧化锆和玻璃？

‖ 项目二 ‖

天然玉石鉴定

　　佳佳是宝玉石鉴定与加工专业的一名大二学生，在学习完宝石鉴定系列课程后，佳佳于暑假去了著名的江苏东海县东海水晶批发市场（中国水晶城）实践。

　　江苏东海县是我国水晶的重要产区，年产水晶 500 多 t，占全国产量的一半。江苏东海县是世界上最大的天然水晶集散中心，每年从巴西、南非、俄罗斯等国进口的水晶原料几千吨。这里现有水晶加工企业 300 多家，素有"水晶之乡"美誉。

　　东海县产出的水晶，含硅量高，杂质少，质量居全国之首。现存于北京地质博物馆的一块重 2t 多的"水晶大王"，就产于东海县。相传，孙中山先生和毛泽东先生的水晶棺所用的水晶就是选用东海县的水晶所做。东海水晶批发市场的主要产品包括水晶原石（观赏石）、各种水晶饰品、水晶制品（各种雕件），以及其他常见珠宝玉石饰品。

　　经过几天对东海水晶批发市场的考察，佳佳发现自己主要存在以下问题：

1. 佳佳能很容易识别出东海水晶批发市场上的青金石、绿松石、海纹石、天河石等玉石品种，但对其是否经过染色、压制等人工处理以及价格水平等没有把握做出恰当的判断。
2. 翡翠、和田玉、岫岩玉等常见玉石能靠肉眼分辨出，但是对于翡翠的 A 货、B 货、C 货，和田玉的俄料、青海料、韩料等，由于接触实物较少，也难以准确判断出来。
3. 佳佳能够很容易判断出外观相似的紫晶手镯和紫罗兰手镯，但却判断不出外观相似的黄晶和黄色方柱石。

　　通过佳佳的实践经历，你对学习有色宝石鉴定这门课有什么感想，天然宝石和天然玉石最大的差别在哪，如何看待理论知识学习与实践鉴定的结合？

知识目标
1. 了解玉石集合体的基本概念及特点。
2. 掌握各种玉石的基本性质。
3. 掌握常见玉石的品种及国家命名标准。

能力目标
1. 能够从外观上基本鉴别常见玉石的种类。
2. 能够使用常规珠宝鉴定仪器鉴别常见玉石并给出鉴定检测报告。
3. 能够对各类常见玉石进行简单的质量评价。

素质目标
1. 养成珍惜、爱护标本及珠宝鉴定设备的习惯。
2. 培养学生诚信、严谨、认真、踏实的工作作风。
3. 培养学生的学习能力、团队合作能力和沟通表达能力。

　　任务驱动、一体化、现场教学、分组教学

任务 1　翡翠的鉴定 →

任务提出

1. 以小组为单位，通过肉眼观察和仪器鉴定，完成翡翠的鉴定检测报告。
2. 在鉴定过程中能准确分辨翡翠的 A 货、B 货与 C 货。
3. 通过肉眼及仪器将翡翠与符山石鉴别出来。

相关知识

一、翡翠的鉴定特征

1. 矿物组成及化学成分

翡翠的主要矿物是硬玉，也有主要矿物为钠铬辉石、绿辉石，除此之外，翡翠集合体中可见角闪石、钠长石、铬铁矿、金云母等次要矿物。硬玉的晶体化学式可写作 $NaAlSi_2O_6$。

2. 晶体形态与结构构造

翡翠的主要组成矿物硬玉属单斜晶系，翡翠常呈纤维状、粒状或局部为柱状的集合体。

3. 光学性质

(1) 颜色　翡翠的颜色变化多样，常见白色，还有各种色调的绿色、黄色、红橙色、褐色、灰色、黑色、浅紫红、紫色、蓝色等（图 2-1-1、图 2-1-2、图 2-1-3）。

在珠宝商业贸易中，对翡翠的颜色组合有特定的名称，如：春带彩（绿、紫色共存）、福禄寿（红、绿、紫色共存）、飘蓝花（白、蓝色共存）、花青（绿、深绿）、五福临门（同一块料上有五种颜色）。

图 2-1-1　绿色翡翠饰品　　　　图 2-1-2　浅绿色翡翠福豆　　　　图 2-1-3　红色翡翠如意

(2) 光泽及透明度　玻璃光泽至油脂；半透明至不透明，少数为透明。商业中将翡翠的透明度称为水头，水头足指翡翠的透明度好，水头不足或水头差指翡翠的透明度差。

(3) 光性　非均质集合体。

(4) 折射率　1.666～1.680（±0.08），一般点测为 1.66。

(5) 多色性　集合体，无多色性。

(6) 吸收光谱　特征吸收光谱为铁引起的 437nm 吸收线；铬致色的绿色翡翠还具有 630nm、

660nm、690nm 铬吸收线。染色的绿色翡翠具有 650nm 宽吸收带。

（7）发光性 天然翡翠绝大多数无荧光，少数翡翠在长短波紫外线下可呈弱的白色、绿色或黄色荧光。

（8）滤色镜下反应 天然绿色翡翠在查尔斯滤色镜下不变红，染绿色翡翠可变红或不变红，取决于所用的染料。

4. 力学性质

（1）解理 翡翠中的硬玉具有两组完全解理，集合体可见微小的解理面闪光，称为"翠性"。翡翠结构越粗糙，硬玉颗粒越大，翠性越明显。翡翠一般为参差状断口。

（2）硬度 摩氏硬度为 6.5 ~ 7。

（3）密度 一般为 3.34（+0.06，-0.09）g/cm^3。

二、翡翠与相似玉石的鉴别

与翡翠相似的玉石主要有和田玉、独山玉、蛇纹石玉、钠长石玉、水钙铝榴石、符山石、葡萄石、东陵石、染色石英岩（马来玉）等。主要鉴别特征见表 2-1-1。

表 2-1-1 翡翠与相似玉石的鉴别

宝石名称	外观特征	RI 点测	SG	Hm	滤色镜	其他特征
翡翠	绿色翡翠颜色不均匀，有色根和色形。光泽强	1.66	3.34 ±	6.5 ~ 7	不变红	纤维交织结构；437nm、630nm、660nm、690nm 吸收；翠性
和田玉	颜色均匀，可见黑色点状包体	1.62	2.95 ±	6 ~ 6.5	不变红	毛毡状结构；油脂光泽；结构细腻
独山玉	颜色呈斑块状、浓淡不一，常见绛紫色色斑	1.56/1.70	2.90 ±	6 ~ 7	变红	粒状结构；白、绿为主或蓝绿色
蛇纹石玉	黄绿色为主，颜色均匀，透明度好	1.56	2.57 ±	2.5 ~ 6	不变红	细粒叶片状或纤维状结构；密度、硬度低
钠长石玉	常见白色，透明度好，常见白色絮状物	1.52	2.60 ~ 2.63	6	不变红	纤维状或粒状结构；一组完全解理
水钙铝榴石	暗绿色，颜色均匀；常见黑色点状包裹体	1.72	3.47 ±	7	变红	粒状结构；460nm 以下全吸收
符山石	黄绿色，颜色均匀	1.72	3.32 ±	6.5 ~ 7	变红	放射状纤维结构；464nm 特征吸收
葡萄石	琢型都为弧面型，绿、黄绿色，颜色均匀	1.63	2.80 ~ 2.95	6 ~ 6.5	不变红	放射状纤维结构；438nm 弱吸收带
东陵石	颜色均匀；沙金效应	1.54	2.65 ±	6.5 ~ 7	变红	粒状结构；有色可见绿色铬云母片分布于石英颗粒间
马来玉	颜色均匀、鲜艳，绿色沿裂隙和晶粒间分布	1.54	2.65 ±	6.5 ~ 7	红/不红	粒状结构；放大检查颜色呈蛛网状；650nm 宽吸收带

知识卡片2-1-1 //// **翡翠的种**

翡翠的"种"又称为"种质"或"种分",是对翡翠的颜色、透明度和质地等品质因素的综合评价。是特定的品质要素的组合,是某一特定质量翡翠的名称。下面仅对几种常见种的翡翠进行介绍。

1. 老坑种

形容颜色符合正、阳、浓、匀的翡翠,透明度高,质地细腻。若老坑种透明度高,水头足,则称为老坑玻璃种,是翡翠中最高档的品种(图2-1-4)。

2. 玻璃种

无色透明,晶莹剔透,结构细腻。玻璃种翡翠中常见由于翡翠内部规则排列的矿物颗粒对光的反射而形成柔和的亮光,称为"起荧"或"起胶"现象(图2-1-5)。

图2-1-4 老坑玻璃种翡翠

3. 冰种

无色或淡色,亚透明至透明,结构细腻,肉眼可见少量"石花"等絮状物,透明如冰,给人以冰清玉洁的感觉(图2-1-6)。

4. 飘蓝花或冰种飘绿花

冰种翡翠上有蓝色或绿色絮状或脉状物分布,称为冰种漂蓝花或冰种漂绿花。蓝花为闪石矿物,呈分散不规则形态分布。(图2-1-7)

5. 油青种

颜色为深绿色至暗绿色,带有明显灰色或蓝色色调,透明度一般较好,质地细腻,表面光泽似油脂,故名。(图2-1-8)

图2-1-5 玻璃种翡翠

6. 豆种

颜色多为浅绿色,半透明至微透明,中至粗粒结构,肉眼可见明显颗粒界限。(图2-1-9)

图2-1-6 冰种翡翠　图2-1-7 冰种飘花翡翠　图2-1-8 油青种翡翠　图2-1-9 豆种翡翠

7. 紫罗兰种

紫色翡翠,按色调不同细分为粉紫、茄紫、蓝紫。粉紫质地较细,透明度好的比较难得,茄紫较次,蓝紫一般质地较粗,可称为紫豆。

8. 红翡种

颜色鲜红至红棕的翡翠,中至细粒结构,半透明至亚透明。亮红翡翠色鲜质细,十分美丽,是翡中精品。

9. 黄翡种

黄至褐黄色,细至粗粒结构均有,亚透明至不透明。

三、 翡翠的优化、 处理及鉴定

1. 热处理 (优化)

(1) 目的　促进氧化作用发生,使黄色、棕色、褐色翡翠转变成鲜艳的红色。

（2）方法　将体积相近的翡翠清洗干净后放在炉中加热。样品最好包上，悬空吊在炉中。升温速度要缓慢，当翡翠颜色转变为猪肝色时，开始缓慢降温，冷却之后翡翠就呈现红色。为获得较鲜艳的红色，可进一步将翡翠浸在漂白水中，氯化数小时，以增加它的艳丽程度。

（3）耐久性　与天然红色翡翠具有同样的耐久性。

（4）鉴定特征　从外观而言，天然红色翡翠稍微透明一些，而加热的红色翡翠则有干的感觉。其他常规方法不容易鉴别。

2. 浸蜡处理

（1）目的　掩盖翡翠的裂纹，增加透明度。

（2）方法　将翡翠成品放入蜡的液体中，稍稍加温、浸泡，使蜡的液体沿裂隙和微小缝隙渗入，再抛光后可增加透明度，掩盖原有缝隙。

（3）耐久性　这种处理方法只是暂时掩盖了较为明显的裂纹，增加了光的折射和反射能力，同时使透明度有所提高。如果遇到高温会使蜡质溢出，耐久性差。

（4）鉴定特征　浸蜡处理是翡翠加工中的常见工序，轻微的浸蜡处理不影响翡翠的光泽和结构，属于优化。严重浸蜡的翡翠缓慢地在酒精灯上加热可使蜡溢出。在紫外荧光灯下可能见到蓝白色荧光。

3. 漂白、充填处理

（1）目的　漂白：去掉翡翠中的黑、灰、褐、黄等杂色与杂质。

充填：对经过严重酸洗漂白的翡翠进行充填固结并加强其透明度。

（2）方法　漂白：将翡翠放置强酸中浸泡，去掉杂色和污点，然后用弱碱中和并清洗、烘干。

充填：用能够起固结作用的有机聚合物（如树脂或塑料）充填于漂白翡翠的缝隙之间，充填完成后进行抛光。

（3）耐久性　漂白充填会使翡翠的结构受到一定的破坏，并且胶质固结物经过一段时间后会发生老化现象，翡翠的光泽、颜色、"水头"等均会发生变化，影响翡翠的耐久性。

（4）鉴定特征　经漂白充填处理的翡翠（图2-1-10、图2-1-11）在外观和结构上都与天然翡翠不同，具体鉴别方法见表2-1-2。

图2-1-10　漂白充填翡翠　　　　图2-1-11　漂白充填翡翠

表2-1-2　漂白充填处理翡翠的鉴定

鉴定项目	天然翡翠	经漂白充填处理的翡翠
光泽	亮玻璃光泽	树脂光泽、蜡状光泽
颜色	颜色分布不均匀，有色根和色形	颜色分布无层次感，基底变白，绿色分布较浮，原来颜色的定向性被破坏，看起来很不自然

(续)

鉴定项目	天然翡翠	经漂白充填处理的翡翠
放大检查	表面可见抛光不良形成的麻点状凹坑，边缘较尖锐，分布不均匀，多出现于颗粒粗大处（橘皮效应）；纤维交织结构	表面明显可见分布较均匀的"蛛网"状或"沟渠"状裂纹。透射光观察内部结构松散，颗粒边缘界限模糊，颗粒破碎
发光性	一般无荧光	无或弱至强的紫外荧光，荧光分布均匀或呈斑杂状
敲击反应	轻轻敲击后发出清脆的声音，有回声（适用于翡翠手镯的鉴定）	轻轻敲击后发出沉闷的声音（适用于翡翠手镯的鉴定）

4. 染色处理

（1）目的　使无色或浅色翡翠的颜色变成绿色、红色或紫色。

（2）方法　染色：将待染色翡翠用稀酸漂白、清洗，干燥后放入准备好的染料（如氨基染料）或颜料（如铬酸盐）的溶液中，稍微加热。

炝色：将翡翠加热，使翡翠颗粒之间产生微裂隙，然后迅速放入有色的染料或颜料溶液中。炝色可以减少浸泡时间，但颜色沿裂隙分布会更加明显。

翡翠经染色后需烘干上蜡以增加透明度，掩盖缝隙，部分染色或炝色翡翠需要充胶处理以提高透明度，掩盖裂隙及固定结构。

（3）耐久性　染色翡翠的耐久性较差。当受到光线的长期照射、酸碱溶液的侵蚀、受热，甚至空气的氧化作用时，原本鲜艳的颜色会褪色，甚至变为无色。

（4）鉴定特征　染色处理翡翠（图2-1-12、图2-1-13）的鉴别方法见表2-1-3。

图2-1-12　染色翡翠

图2-1-13　染色翡翠

表2-1-3　染色处理翡翠的鉴定

鉴定项目	天然翡翠	经漂白充填处理的翡翠
放大检查	翡翠的纤维交织结构	颜色呈丝网状分布，在较大的绺裂中可见染料的沉淀或聚集；炝色翡翠可以看到清晰的炸裂纹
吸收光谱	437nm吸收线；铬致色的绿色翡翠还具有630nm、660nm、690nm铬吸收线	铬盐染色处理的绿色翡翠常出现650nm宽吸收带
查尔斯滤色镜	不变红	铬盐染色处理的绿色翡翠查尔斯滤色镜下变红
发光性	一般无荧光	黄绿色或橙红色（染红色翡翠）荧光

知识卡片 2 - 1 - 2 //// **翡翠的 A 货、B 货、C 货**

A 货——未经任何处理的天然翡翠。

B 货——经强酸侵蚀、注胶或塑料充填的翡翠。

C 货——染色的翡翠。

B + C 货——经强酸侵蚀、充填和染色而成的翡翠，或经强酸侵蚀后，充填有色胶。

注意： 在实际出证书的时候，只有翡翠是标准名称。

任务实施

一、准备工作

1. 了解翡翠的鉴定特征。

2. 了解翡翠与相似玉石的鉴别方法。

3. 了解翡翠 B 货、C 货的鉴别方法。

4. 翡翠、符山石、钠长石玉标本及宝石鉴定仪器。

二、实施步骤

1. 小组讨论制定鉴定方案并明确任务分配。

2. 指导教师进行鉴定演示

（未知宝石 - 翡翠 - A？B？C；未知宝石 - 不是翡翠 - 宝石品种）。

3. 小组成员对拿到手的鉴定标本进行鉴定练习，有疑问要随时提出。

4. 小组讨论完成分配到手的宝石的鉴定检测报告。

三、任务要求

1. 鉴定过程中要注意爱护仪器、管理好鉴定样品，不能丢失或混淆鉴定样品。

2. 主要鉴定过程要有照片或视频。

四、任务考核

表 2 - 1 - 4　翡翠的鉴定过程考核标准

考核内容		权重	考核标准
基本素养		20%	能充分利用自主资源学习；听从指挥，服从安排，能与同学积极合作，具有团队合作精神。服装整洁、不穿拖鞋
鉴定过程（40%）	1. 仪器操作与保护	30%	鉴定仪器操作规范，使用正确。使用时避免损伤仪器，避免丢失、损坏标本
	2. 团队合作	5%	团队任务分配合理，团队成员参与度高
	3. 时间控制	5%	鉴定用时要合理，尽量快而准确
鉴定结果		40%	鉴定数值准确，结果清晰，鉴定报告规范

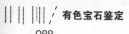
五、 常见问题及指导

翡翠的翠性如何观察？所有的翡翠都有翠性吗？

观察翡翠的翠性需要在自然光下，观察翡翠表面是否有闪光。不是所有翡翠都有翠性，只有结构比较粗的翡翠才有可能看见翠性。

六、 任务成果

简 明 检 验 报 告

NO.

样品原标名	样品		检验类别	委托检验	
样品编号			接样地点		
检验要求	珠宝玉石检验		接样日期	年 月 日	
委托单位	珠宝学院		检验小组		
检验依据	GB/T 16552 – 2010《珠宝玉石名称》、GB/T 16553 – 2010《珠宝玉石鉴定》				
检验项目汇总表	总质量（g）		其他特征		样品照片
	样品状态描述				
	颜色				
	光泽				
	折射率				
	双折射率				
	密度				
	紫外荧光	长波			
		短波			
	吸收光谱				
	光性特征				
	多色性				
	放大检查				
	其他检查				
检验结论					
备　注					
批准：_____ 审核：_____ 主检：_____	检验单位签章： 检验日期： 年 月 日				

本报告仅对受检验样品负责，本报告复印、涂改、无签名无效。

知识拓展

表2-1-5 翡翠的质量评价

评价内容	评 价 及 标 准
颜 色	绿色为最佳，紫色和红色次之，其他颜色均较差。好的翡翠颜色要求具有正、阳、浓、匀、和五个特征；正指要求纯正的绿色，不能在绿中有蓝、黄、灰等杂色调；阳指颜色的明亮程度；浓指颜色的饱和度；匀指颜色分布的均匀程度；和指不同颜色分布搭配的是否和谐
透明度	翡翠的透明度越好，价值越高。透明度受自身组成矿物粒度大小、结合方式、裂纹多少、颜色深浅等多种因素的影响
质 地	越细腻越好。最好的是玻璃地，其次是冰地
净 度	指翡翠内部包含的其他矿物包裹体（瑕疵）和裂纹的程度 翡翠中的白色、黑色瑕疵影响翡翠的颜色和美观，裂纹影响翡翠的耐久性和美观
重 量	翡翠制品的价值不受重量的严格限制，但在颜色、质地、透明度等质量相同或相近的情况下，重量大的价值高
工 艺	好的工艺要求翡翠成品比例协调、突出颜色、切工规整、抛光优良

职业资格考试练习题

一、填空题

1. 狭义的翡翠中翡代表_____色，翠代表_____色。

2. 翡翠通常是以_____为主的多种矿物细小晶体组成的_____。

3. 翡翠中437nm吸收线是翡翠中铁的吸收造成的；_____nm、_____nm、_____nm的吸收线则是_____吸收造成的。

4. 宝石学中"苍蝇翅"指的是_____，是翡翠特有的标志。

5. 翡翠的优化处理方法中属于"优化"的方法是_____，属于"处理"的方法有_____、_____、_____等。

二、是非题（是：Y，非：N）

1. 染色翡翠在查尔斯滤色镜下都会变成红色或粉红色。（　　）

2. 玻璃种翡翠指的是由硬玉质成分的玻璃（非晶）态物质组成。（　　）

3. 查尔斯滤色镜下变红的翡翠一定经过染色处理。（　　）

4. 不含硬玉矿物成分的不是翡翠。（　　）

5. 所有的翡翠都能见到"翠性"。（　　）

三、问答题

1. 简述B货翡翠的鉴别方法。

2. 如何区分翡翠、和田玉、独山玉、水钙铝榴石、葡萄石、符山石、岫玉和钠长石玉？

3. 结合本次课任务中的翡翠标本谈谈如何对翡翠进行质量评价。

任务2 和田玉的鉴定 →

任务提出

1. 以小组为单位，通过肉眼观察和仪器鉴定，完成和田玉的鉴定检测报告。
2. 通过肉眼及仪器将和田玉与脱玻化玻璃、大理岩鉴别出来。
3. 熟悉和田玉的不同品种分类，了解和田玉的标准命名。

相关知识

一、 和田玉的鉴定特征

1. 矿物组成及化学成分

和田玉的主要矿物为透闪石，次要矿物有阳起石及透辉石、滑石、蛇纹石、绿泥石、绿帘石、斜黝帘石、镁橄榄石、粗晶状透闪石、白云石、石英、磁铁矿、黄铁矿、镁铁尖晶石、磷灰石、石榴石、金云母、铬尖晶石等。透闪石与阳起石互成类质同象，其晶体化学式可写作 Ca_2 (Mg, $Fe)_5Si_8O_{22}$ ($OH)_2$。

2. 晶体形态与结构构造

和田玉的主要组成矿物透闪石属单斜晶系，和田玉常呈长柱状、纤维状、叶片状的集合体。

3. 光学性质

（1）颜色 和田玉的颜色主要有白色、青色、浅至深绿色、黄色至褐色、墨色等（图2-2-1、图2-2-2、图2-2-3、图2-2-4、图2-2-5、图2-2-6）。当和田玉主要成分是白色透闪石时和田玉呈白色；当透闪石分子中的 Mg 被 Fe 逐渐替代时，和田玉呈深浅不同的绿色；主要由铁阳起石组成的和田玉呈黑绿至黑色；当透闪石含细微石墨时则成为墨玉。

图2-2-1 和田玉（青玉）

图2-2-2 和田玉（糖玉）

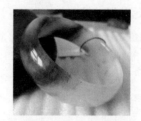
图2-2-3 和田玉（青花）

图2-2-4 和田玉（碧玉）

图2-2-5 和田玉（墨玉）

图2-2-6 和田玉（白玉）

（2）光泽及透明度　油脂光泽、蜡状光泽或玻璃光泽；半透明至不透明。

（3）光性　非均质集合体。

（4）折射率　1.606～1.632（+0.009，-0.006），一般点测为1.60或1.61。

（5）多色性　集合体，无多色性。

（6）吸收光谱　极少见吸收线，可在500nm、498nm和460nm有模糊的吸收线或吸收带；在509nm有一条吸收线；某些软玉在689nm有双吸收线。

（7）发光性　长短波紫外线下无荧光。

4. 力学性质

（1）解理　透闪石具有两组完全解理，集合体通常不可见。断口为参差状。

（2）硬度　摩氏硬度为6.0～6.5，不同品种硬度略有差异，同一产地青玉的硬度大于白玉。

（3）密度　2.95（+0.15，-0.05）g/cm³。

二、 和田玉的品种

1. 按产出环境分类

（1）山料　从原生矿床开采所得，呈块状，不规则状，棱角分明，无磨圆及皮壳，块度大小不同，质地好坏不齐，又称原生矿。（图2-2-7）

（2）籽料　从原生矿床自然剥离，经过风化搬运至河流中的和田玉，一般距原生矿较远，呈浑圆状、卵石状、磨圆度好，形似鹅卵石。

图2-2-7　和田玉（山料）

块度大小悬殊（小块多，大块少），外表可有厚薄不一的皮壳。主要分布在玉龙喀什河和喀拉喀什河河床上。（图2-2-8）

（3）山流水　从原生矿床自然剥离，由冰川和洪水搬运过，但搬运不远的玉石，一般距原生矿较近。山流水的特点是块度较大，次棱角状，磨圆度差、表面较光滑。（图2-2-9）

（4）戈壁料　从原生矿床自然剥离，经过风化搬运至戈壁滩上的软玉，一般距原生矿较远，呈次棱角状，磨圆度较差，块度较小。戈壁料一般油性较强，内部裂隙较多，表面多麻坑。（图2-2-10）

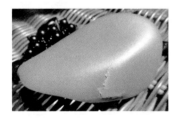

图2-2-8　和田玉（籽料）

图2-2-9　和田玉（山流水料）

图2-2-10　和田玉（戈壁料）

2. 按颜色分类

（1）白玉　白色和田玉，可泛灰、黄、青等杂色，颜色柔和均匀，有时可带少量糖色或黑色（图2-2-6）。白玉中品质最好的称为羊脂玉，颜色呈羊脂白色，颜色柔和均匀，有时可带少量糖色。质地致密细腻，光洁坚韧，基本无绺裂、杂质及其他缺陷。

（2）青玉　淡青至深青、灰青、青黄等颜色的和田玉，是和田玉中数量最多的一种。（图2-2-1）

（3）碧玉　一般呈碧绿、菠菜绿色，有时为暗绿、灰绿、黄绿、墨绿色，颜色柔和均匀，常有黑色点状矿物嵌入其上。（图2-2-4）

（4）墨玉　颜色以黑色为主（占60%以上），多呈叶片状、条带状聚集，可夹杂少量白或灰白色（占40%以下），颜色多不均匀。（图2-2-5）墨玉的墨色是由于和田玉中含有细微石墨鳞片所致。墨色多呈云雾状、条带状分布。

（5）青花　基础色为白色、青白色、青色，夹杂黑色（占20%~60%），黑色多呈点状、叶片状、条带状、云朵状聚集，不均匀。（图2-2-3）

（6）黄玉　浅黄至深黄的和田玉，十分稀少。

（7）糖玉　软玉的糖色属于次生色，当原生矿暴露于地表或近地表时，由于铁的氧化浸染而呈类似于红糖的颜色，俗称"糖色"。

糖色包括黄色、褐黄色、红色、褐红色、黑绿色等。一般情况下，如果糖色占到整件样品80%以上时，可直接称之为糖玉（见图2-2-2）。糖色占到整件样品30%~80%时，可称之为糖羊脂玉、糖白玉、糖青白玉、糖青玉等。糖色部分占整件样品30%以下时，名称中不予体现。

3. 按产地分类

（1）新疆和田玉（和田料）　指新疆境内产出的和田玉，西起喀什的塔什库尔干，东至巴音郭楞蒙古自治州的若羌县，大约1300多公里的昆仑山北麓中。新疆和田玉透闪石含量可达到95%~99%，为毛毡状交织结构，矿物颗粒极细，杂质矿物较少，质地细腻，致密度高，手掂分量重，油脂感强，颜色纯正。摩氏硬度为6.5~7.0，韧性大，不易破碎、耐磨，敲击时能发出金属般的悦耳声。

（2）青海和田玉（青海料）　青海料发现于20世纪90年代的青海格尔木昆仑山三岔口附近。青海料呈微透明或半透明状，内里时常呈现青海料独有的白色透明的"筋"。青海料水透灵秀与新疆和田玉的油润凝重形成了鲜明的对比，而且各具特色。青海料的摩氏硬度为6以下，比重2.9以下，都低于新疆和田玉，特别其细密度和滋润感都明显不如新疆和田玉，经把玩后还会出现略微偏灰暗的缺点。青海料不如和田玉密实，重量稍轻，玉质偏松，压手感不强；水头好，比较透明；油性不足，光泽以玻璃光泽为主。

（3）俄罗斯和田玉（俄料）　俄罗斯和田玉产于昆仑山脉延伸到俄罗斯境内的余脉之中，大概是在20世纪90年代的初期开始大量进入中国市场。俄料中透闪石含量不稳定，结构颗粒大小不一，排列不均匀，雕刻时容易起"性"，做细工时容易崩口。

俄料的特点是质地较粗糙，在透光的地方，用肉眼观察，就能看到毛毡状结构，呈不透明或微透明。俄料没有青海料水头好，也没有新疆和田玉油润。俄料色彩丰富，常见颜色有白色、黄色、褐色、棕色、青白色、碧绿色等，常常是多种颜色集中体现在一块玉雕件之中。俄料色"白"而不润，给人一种"死白"的感觉。如将和田白玉与俄罗斯玉放在一起比较，前者润而白得细腻，后者糙而白的无神。

（4）韩国白玉（韩料）　韩国和田玉主要产于韩国中北部春川市郊区山沟里，属汉江流域。多显青黄色和淡淡的棕色，抛光后呈现蜡质光感。肉眼总体观感玉质偏干，细腻感、湿润感差。多呈带极浅灰黄绿色调的白色。颜色分布均匀，部分玉料中肉眼可见细小针状白点。韩料的硬度仅为5.5，比新疆和田玉、青海玉、俄罗斯玉致密度差、分量轻、厚重感不足、不耐看。

三、和田玉与相似玉石的鉴别

与和田玉相似的玉石主要有白色石英岩（图2-2-11）、大理岩（图2-2-12）与脱玻化玻璃（图2-2-13）。其中大理岩又被称为"阿富汗玉""巴基斯坦玉""伊朗白玉"等。和田玉与相似玉石的鉴别见表2-2-1。

图2-2-11 白色石英岩

图2-2-12 大理岩

图2-2-13 脱玻化玻璃

表2-2-1 和田玉与相似玉石的鉴别

宝石名称	结构	RI 点测	SG	Hm	其他特征
和田玉	毛毡状结构	1.61 ±	2.95 ±	6 ~ 6.5	油脂光泽；结构细腻；透明度略差
石英岩	粒状结构	1.54 ±	2.65 ±	7	玻璃至油脂光泽；颗粒感强；与和田玉相比透明度相对较好、手感较轻
大理岩	粒状结构	1.486 ~ 1.658	2.70 ±	3	玻璃光泽；有些可见条带状构造；因硬度低表面可见划痕；遇酸起泡
脱玻化玻璃	非晶质结构	1.51	2.50 ±	5 ~ 6	特征的胶质乳白色；外观清澈柔润，表面晶莹；贝壳状断口，放大检查常见大小不等的气泡

知识卡片2-2-1 和田玉的选购技巧

1. 重细度轻颜色

和田玉的颜色对其价格的影响相对较小，在选购和田玉的时候最重要的不是白度而是油性、纯度与细度。羊脂玉是珠宝商贸中对和田玉极品的称谓，而羊脂玉指的并不是一味地纯白，而是带有油脂光泽的奶白，甚至是透出微黄的白色。

2. 重质地轻产地

近年来，和田玉原料被相继发现于青海、俄罗斯、韩国等地。选购和田玉时应该更多的重视和田玉的质地，而非它的产地。广义上的和田玉是没有产地概念的，不管产自哪儿，只要是透闪石就是和田玉；只要色泽纯正，质地细腻，就是上好和田玉。

3. 重结构轻产状

和田玉不论山料、籽料、山流水料还是戈壁料都有上品。籽料的品相未必就一定胜过山料、山流水等，选购和田玉时，只要色泽纯正，质地细腻，就是值得购买的。

四、 软玉的优化处理及鉴定

1. 浸蜡（优化）

（1）目的 掩盖裂隙、增强光泽，改善外观。

（2）方法 以石蜡或液态蜡充填软玉的成品表面。

（3）鉴定特征 蜡状光泽，有时可污染包装物，热针探测可溶解，红外光谱检测可见有机物的吸收峰。

2. 染色（处理）

（1）目的 产生鲜艳的颜色或仿籽料。

（2）方法 对软玉的整体或部分进行染色，颜色有黄色、褐黄色、红色、褐红色。

（3）鉴定特征　颜色不自然，染料沿裂隙或晶粒边界分布。若染成绿色，可见 650nm 吸收带为特征的吸收光谱；若染成黄色、褐黄色、褐红色、黑绿色，颜色多存于表皮或裂隙中。

任务实施

一、 准备工作

1. 了解和田玉的鉴定特征。

2. 了解和田玉与相似玉石的鉴别方法。

3. 了解和田玉的主要品种。

4. 和田玉、脱玻化玻璃、大理岩标本及宝石鉴定仪器。

二、 实施步骤

1. 小组讨论制定鉴定方案并明确任务分配。

2. 指导教师进行鉴定演示

（未知宝石 – 和田玉 – 品种；未知宝石 – 不是和田玉 – 宝石品种）。

3. 小组成员对拿到手的鉴定标本进行鉴定练习，有疑问要随时提出。

4. 小组讨论完成分配到手的宝石的鉴定检测报告。

三、 任务要求

1. 鉴定过程中要注意爱护仪器、管理好鉴定样品，不能丢失或混淆鉴定样品。

2. 主要鉴定过程要有照片或视频。

四、 任务考核

表 2 – 2 – 2　翡翠的鉴定过程考核标准

考 核 内 容		权重	考 核 标 准
基本素养		20%	能充分利用自主资源学习；听从指挥，服从安排，能与同学积极合作，具有团队合作精神。服装整洁、不穿拖鞋
鉴定过程 （40%）	1. 仪器操作与保护	30%	鉴定仪器操作规范，使用正确。使用时避免损伤仪器，避免丢失、损坏标本
	2. 团队合作	5%	团队任务分配合理，团队成员参与度高
	3. 时间控制	5%	鉴定用时要合理，尽量快而准确
鉴定结果		40%	鉴定数值准确，结果清晰，鉴定报告规范

五、 常见问题及指导

和田玉的标准名称有哪些?

根据 GB/T 16552 – 2010 珠宝玉石 名称，和田玉的标准名称有：软玉、和田玉、白玉、青白玉、青玉、碧玉、墨玉、糖玉。需要注意的是，和田玉没有产地意义，指的是主要矿物为透闪石，次要矿物为阳起石系列的玉石。

六、 任务成果

简 明 检 验 报 告

NO.

样品原标名	样品	检验类别	委托检验	
样品编号		接样地点		
检验要求	珠宝玉石检验	接样日期	年 月 日	
委托单位	珠宝学院	检验小组		
检验依据	GB/T 16552－2010《珠宝玉石名称》、GB/T 16553－2010《珠宝玉石鉴定》			

	检验项目			样品照片
检验项目汇总表	总质量（g）		其他特征	
	样品状态描述			
	颜色			
	光泽			
	折射率			
	双折射率			
	密度			
	紫外荧光	长波		
		短波		
	吸收光谱			
	光性特征			
	多色性			
	放大检查			
	其他检查			
检验结论				
备 注				

批准：_____   检验单位签章：

审核：_____

主检：_____   检验日期：　年　月　日

本报告仅对受检验样品负责，本报告复印、涂改、无签名无效。

知识拓展

表 2 - 2 - 3　和田玉的质量评价

评价内容	评　价　及　标　准
颜色	好的和田玉要求颜色鲜艳、纯正、均匀、无杂色（俏色除外）；质地相同或相近情况下，白玉为贵，黄玉次之，青玉、青白玉价值稍低。白玉中羊脂玉价格最高，白中闪青或白中带灰，都会影响其价值。其他和田玉的颜色相差稍许对其价值影响不大
质地	要求质地致密、细腻、坚韧、均匀，无绺无裂
光泽	优质和田玉要求为油脂光泽，有滋润、柔和感，无瓷性
块度	对于大的雕件来说，应有一定的块度，块度越大越好
工艺	三分原料七分工；年代越久远，价值越高；有创意的，不常见，或是讨口彩的，为喜庆吉祥图案的，价值较高；越是精细吃工的，价值越高

职业资格考试练习题

一、填空题

1. 和田玉的典型结构为_____，所以它有很高的_____，断口为_____。

2. 当主要组成矿物为白色透闪石时和田玉呈_____，随着_____对透闪石分子中 Mg 的类质同象替代，和田玉可呈深浅不同的绿色，_____含量越高，绿色越_____。

3. 和田玉按产出状况可分为_____、_____、_____、_____。

4. 质地细腻、洁白的大理岩俗称_____，常常用来仿白玉，但大理岩的密度、硬度均_____于和田玉。

5. 仿和田玉玻璃的特点是_____、_____，常含有大小不等_____，_____断口，折射率_____，密度_____，均明显_____于和田玉，在旧货市场上较为常见，俗称_____。

二、是非题（是：Y，非：N）

1. 和田玉是矿物集合体，在正交偏光镜下全亮。（　　　）

2. 和田玉中青玉、糖玉的颜色都属于原生色。（　　　）

3. 和田玉中糖玉与翡翠中红（黄）翡的颜色都是氧化作用导致的次生色。（　　　）

4. 和田玉的摩氏硬度低于翡翠，其韧性也比翡翠差。（　　　）

5. 和田玉是韧性最强的矿物。（　　　）

三、问答题

1. 如何区分和田玉、脱玻化玻璃、大理石？

2. 结合本次课任务中的和田玉标本谈谈如何对和田玉进行质量评价。

任务3　石英质玉石的鉴定 →

🔴 任务提出

1. 以小组为单位，通过肉眼观察和仪器鉴定，完成石英质玉石的鉴定检测报告。
2. 在鉴定过程中能准确分辨石英质玉石的不同品种并正确命名。

🔴 相关知识

一、石英质玉石的鉴定特征

1. 矿物名称及化学成分

组成石英质玉石的矿物主要是隐晶质至显晶质石英，可含有少量云母类矿物、绿泥石、赤铁矿、褐铁矿、针铁矿、黏土矿物等。化学成分主要为 SiO_2。

2. 晶体形态与结构构造

石英质玉石的主要组成矿物石英属三方晶系。呈隐晶质至显晶质集合体。粒状结构、纤维状结构、隐晶质结构。块状、团块状、条带状、皮壳状、钟乳状构造（图 2-3-1、图 2-3-2）。

图 2-3-1　块状石英质玉石原石

3. 光学性质

（1）颜色　颜色多样，常见白色、绿色、灰色、黄色、褐色、橙红色、蓝色等。石英质玉石纯净时为无色。当含有不同的微量元素或混入其他有色矿物时，可呈现不同的颜色。

（2）光泽及透明度　抛光表面具玻璃光泽、油脂光泽或丝绢光泽，断口具油脂光泽。微透明至透明。

（3）光性　非均质集合体。

（4）折射率　1.544～1.553，一般点测为 1.53 或 1.54。

（5）多色性　集合体，无多色性。

图 2-3-2　块状石英质玉石原石

（6）吸收光谱　一般无特征光谱，仅个别品种因含少量致色元素可产生特征的吸收光谱，如含铬云母的石英岩可具有 682nm、649nm 吸收带。

4. 力学性质

（1）硬度　略低于单晶石英，摩氏硬度为 6.5～7。

（2）密度　一般在 2.55～2.71g/cm³ 左右。

二、石英质玉石的主要品种

根据结构、构造和矿物组合特点，石英质玉石可分为隐晶石英质玉石、显晶石英质玉石、二氧化硅交代的石英质玉石。

1. 隐晶质石英质玉石类

（1）玉髓　玉髓是超显微隐晶质石英集合体，多呈块状产出。根据颜色的不同，玉髓可以分为白玉髓、红玉髓、绿玉髓、蓝玉髓（图2-3-3、图2-3-4、图2-3-5）。

澳玉是玉髓的特殊品种，因优质者产于澳大利亚而得名，在实际商业活动中并无产地意义。澳玉因含NiO而呈苹果绿或浅绿色~蓝绿色，颜色均匀，质地非常细腻。

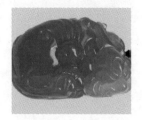

图2-3-3　蓝玉髓　　　　　图2-3-4　红玉髓　　　　　图2-3-5　绿玉髓

（2）玛瑙　具不同颜色纹带或环带状构造的玉髓。按照颜色可分为白玛瑙、红玛瑙、绿玛瑙、黑玛瑙、黄玛瑙、蓝玛瑙（图2-3-6）等品种；按条带可分为缟玛瑙和缠丝玛瑙（图2-3-7）；按杂质可分为水草玛瑙（图2-3-8）、水胆玛瑙等。

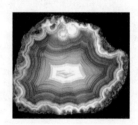

图2-3-6　蓝玛瑙　　　　　图2-3-7　缠丝玛瑙　　　　　图2-3-8　水草玛瑙

（3）南红　南红（图2-3-9）是对产自我国云南保山、甘肃迭部、四川凉山美姑县的一种鲜艳润泽的红玛瑙的统称。颜色质感为胶质，天然形成，按颜色特点可分为柿子红、玫瑰红、锦红、樱桃红、朱砂红等，其中柿子红、玫瑰红、锦红和樱桃红等是高品级的颜色。裂纹少且颜色鲜艳的南红产量很低。四川凉山地区的南红颜色艳丽、润泽度、浑厚度及完整度好，是目前已知品质最好的南红玛瑙。

（4）战国红　战国红指的是产自我国辽宁朝阳北票地区的一种红缟玛瑙（缠丝玛瑙，图2-3-10）。战国红颜色鲜艳丰富，大部分呈红黄色，少部分含有紫、白、绿、黑等颜色。红色可从大红到深红，其中血红为最好的颜色。由于产量原因，黄色要比红色贵重，黄色的品种有柠檬黄、鸡油黄和土黄等颜色。另外还有透明色（也称冻料）、紫色、绿色、白色、黑色等品种。

（5）黄龙玉　2004年在云南龙陵发现的一种新玉种，最初被称为黄蜡石，后被云南观赏石协会命名为黄龙玉。主色调为黄色，兼有羊脂白、青白、红、黑、灰、绿等色。有"黄如金、红如血、绿如翠、白如冰、乌如墨"之称，颜色鲜艳，结构细腻。（图2-3-11）

图2-3-9　南红玛瑙　　　　　图2-3-10　战国红玛瑙　　　　　图2-3-11　黄龙玉

2. 显晶质石英质玉石类

（1）东陵石 东陵石是一种具沙金效应的显晶质石英质玉石。常含有其他颜色的矿物而呈现不同的颜色。常见的是含铬云母者呈现绿色，称为绿东陵石；含蓝线石者呈蓝色，称为蓝东陵石；含锂云母者呈紫色，称为紫色东陵石。东陵石的石英颗粒相对较粗，其内所含的片状矿物相对较大，在阳光下片状矿物可呈现闪闪发光的沙金效应。

绿色东陵石（图2-3-12）放大镜下可见粗大的铬云母鳞片，大致定向排列，查尔斯滤色镜下略呈褐红色。

图2-3-12 东陵石手串

（2）京白玉 半透明至微透明的乳白色显晶质石英岩集合体，因最早在北京郊区发现，因此取名"京白玉"。京白玉呈油脂光泽，粒状结构，颗粒细小，集合体呈块状产出。

（3）马来玉 马来玉（图2-3-13）是一种结构较细的染色石英岩，主要用来仿翡翠。放大观察可见绿色染料沿裂隙或颗粒周围呈网脉状分布。

图2-3-13 马来玉手镯

3. 二氧化硅交代类宝石

（1）木变石 木变石的品种主要有：虎睛石、鹰睛石和斑马虎睛石。虎睛石（图2-3-14）是呈黄色或褐黄色、棕黄或棕红色的木变石，成品表面具有丝绢光泽，当琢磨成弧面型宝石时可能会出现猫眼效应，一般眼线较宽；鹰眼石（图2-3-15）是带蓝色调的木变石，成品表面具有丝绢光泽，当琢磨成弧面型宝石时可能会出现猫眼效应，一般眼线较宽；斑马虎睛石是褐黄色和蓝色间杂呈斑块状分布的木变石。

图2-3-14 虎睛石手串

图2-3-15 鹰眼石手串

（2）硅化木 硅化木是二氧化硅置换数百万年前埋藏在地下的树干后仍保留树木乃至其细胞结构。也有各种颜色，也称石化木，可以用来做装饰品。

 知识卡片2-3-1 ///// 隐晶质与显晶质

显晶集合体：肉眼或借助放大镜即能分辨出矿物各单体的集合体称为显晶集合体。（图2-3-16）

隐晶集合体：只有在显微镜的高倍镜下才可分辨矿物单体的集合体称为隐晶集合体。（图2-3-17）

图2-3-16 翡翠戒面（显晶质）　　　图2-3-17 澳玉戒面（隐晶质）

三、 石英质玉石的优化处理及鉴定

1. 热处理

用于热处理的石英质玉石主要是玛瑙和虎睛石，玛瑙的热处理属于优化。天然玛瑙虽五光十色，但是具经济价值的红玛瑙少见，绝大多数玛瑙需要经过热处理转变成较均匀且鲜艳的红色，也称烧红玛瑙。

热处理之后的玛瑙颜色更鲜艳，其他特征也会发生变化：透明度减弱、颜色更加均匀鲜艳、断口处有红色反光、硬度减小、脆性增大等。

2. 染色

目前市场上的绝大部分玉髓（玛瑙）制品是经过染色处理的，玉髓（玛瑙）的染色属于优化。经染色处理的玉髓（玛瑙）表现为极其鲜艳均匀的红色、绿色、蓝色等。

石英岩的染色属于处理，染色方法是先将石英岩加热，淬火后再染色，主要染成绿色，市场上俗称"马来玉"。马来玉分光镜下具 650nm 宽吸收带；短波荧光下可具暗绿色荧光；放大检测可见绿色染料沿裂隙或颗粒周围呈网脉状分布。

任务实施

一、 准备工作

1. 了解石英质玉石的鉴定特征。
2. 了解石英质玉石的品种。
3. 石英质玉石标本及宝石鉴定仪器。

二、 实施步骤

1. 小组讨论制定鉴定方案并明确任务分配。
2. 指导教师进行鉴定演示（未知宝石 – 石英质玉石 – 具体品种）。
3. 小组成员对拿到手的鉴定标本进行鉴定练习，有疑问要随时提出。
4. 小组讨论完成分配到手的宝石的鉴定检测报告。

三、 任务要求

1. 鉴定过程中要注意爱护仪器、管理好鉴定样品，不能丢失或混淆鉴定样品。
2. 主要鉴定过程要有照片或视频。

四、 任务考核

表 2 – 3 – 1 石英质玉石的鉴定过程考核标准

考 核 内 容		权重	考 核 标 准
基本素养		20%	能充分利用自主资源学习；听从指挥，服从安排，能与同学积极合作，具有团队合作精神。服装整洁、不穿拖鞋
鉴定过程（40%）	1. 仪器操作与保护	30%	鉴定仪器操作规范，使用正确。使用时避免损伤仪器，避免丢失、损坏标本
	2. 团队合作	5%	团队任务分配合理，团队成员参与度高
	3. 时间控制	5%	鉴定用时要合理，尽量快而准确
鉴定结果		40%	鉴定数值准确，结果清晰，鉴定报告规范

五、 常见问题及指导

石英质玉石的标准名称有哪些?

根据 GB/T 16552 – 2010 珠宝玉石名称,石英质玉石的标准名称如下:玉髓、玛瑙、蓝玉髓、绿玉髓、澳玉、黄玉髓、黄龙玉、木变石、虎睛石、鹰眼石、石英岩、东陵石。

六、 任务成果

简 明 检 验 报 告

NO.

样品原标名		样品	检验类别		委托检验
样品编号			接样地点		
检验要求		珠宝玉石检验	接样日期		年　月　日
委托单位		珠宝学院	检验小组		
检验依据		GB/T 16552 – 2010《珠宝玉石名称》、GB/T 16553 – 2010《珠宝玉石鉴定》			
检验项目汇总表	总质量（g）		其他特征		样品照片
	样品状态描述				
	颜色				
	光泽				
	折射率				
	双折射率				
	密度				
	紫外荧光	长波			
		短波			
	吸收光谱				
	光性特征				
	多色性				
	放大检查				
	其他检查				
检验结论					
备　注					

批准:_____

审核:_____

主检:_____

检验单位签章:

检验日期:　　年　月　日

本报告仅对受检验样品负责,本报告复印、涂改、无签名无效。

知识拓展

表2-3-2 石英质玉石的质量评价

评价内容	评 价 及 标 准
黄龙玉	颜色：标准的黄或红，不带过渡色调，颜色越正、越深、越浓，价值越高；质地：表面几乎看不到结晶颗粒，质地十分细腻，呈亚透明至透明状，油脂光泽，为上品；工艺：设计巧妙，构图精致，内涵悠久为佳；瑕疵与块度：瑕疵越少，块度越大越好
南红	颜色纯正，满肉、满色，有纹带，纹带美丽自然，无裂、无砂心、无杂质者为上佳
战国红	好的战国红玛瑙要求红色纯正厚重，类似鸡血石；黄色凝重温润类似田黄；白色飘逸如带。红缟和黄缟集于一石或全为黄缟者较为珍贵，带白缟的更少见
其他石英质玉石	要求有一定的颜色，且颜色均匀、纯正鲜艳；特殊花纹美丽；质地细腻，瑕疵少；透明度高，并有一定的块度

职业资格考试练习题

一、填空题

1. 虎睛石是_____置换了_____而保留了_____形成，虎睛石常由_____致色，呈_____色。

2. "马来西亚玉"正确的命名是_____，它是经_____而成，其颜色特点是_____，在查尔斯滤色镜下_____。

3. 硅化木是二氧化硅置换埋在地下数百万年的_____，并保留了树木的_____。

4. 东陵石是一种_____，因含特征的_____、_____、_____包体而具一种闪耀的沙金效应。

5. 东陵石最常见的颜色是_____色，以及_____色、_____色品种。绿色东陵石在查尔斯滤色镜下呈_____色。

二、选择题

1. 玛瑙是（　　）
   A. 天然宝石　　　　　B. 天然玉石　　　　　C. 单晶　　　　　D. 均质体

2. 马来玉、密玉、京白玉都是（　　）
   A. 大理岩类玉石　　　B. 石英岩类玉石　　　C. 蛇纹岩类玉石　　　D. 碳酸盐岩类玉石

3. 玛瑙染色属于（　　）
   A. 合成　　　　　　　B. 处理　　　　　　　C. 优化　　　　　　　D. 人造

4. 一块绿色非均质集合体玉石在查尔斯滤色镜下为红色，它可能是（　　）
   A. 澳玉　　　　　　　B. 翡翠　　　　　　　C. 东陵石　　　　　　D. 密玉

5. 下列不属于隐晶质石英质玉石的是（　　）
   A. 黄龙玉　　　　　　B. 东陵石　　　　　　C. 玉髓　　　　　　　D. 玛瑙

三、问答题

结合本次任务中的石英质玉石标本谈谈如何对他们进行质量评价。

任务4 欧泊的鉴定 →

1. 以小组为单位，通过肉眼观察和仪器鉴定，完成欧泊的鉴定检测报告。
2. 通过肉眼观察及仪器鉴定将欧泊与拼合欧泊、合成欧泊相区别。

相关知识

一、欧泊的鉴定特征

1. 组成矿物及化学成分

欧泊的组成矿物为蛋白石（Opal）。欧泊的化学成分为 $SiO_2 \cdot nH_2O$，其内含10%左右的吸附水。

2. 结晶特点

欧泊是非均质体，无结晶外形，通常以致密块状、钟乳状或结核状产出。

3. 光学性质

（1）颜色　欧泊的体色可有白色、黑色、深灰、蓝、绿、棕色、橙色、橙红色、红色等。

（2）光泽及透明度　玻璃光泽至树脂光泽；透明至不透明，透明者罕见。

（3）光性　均质体，火欧泊常见异常消光。

（4）折射率　通常点测为1.45，火欧泊可低至1.37。

（5）多色性　无多色性。

（6）发光性　黑色或白色体色的欧泊可具无至中等强度荧光，并可有磷光，有时磷光持续时间较长；火欧泊具无至中等强度的绿褐色荧光，可有磷光。

（7）特殊光学效应　欧泊具有变彩效应，顶光源照射下，转动宝石可见色彩斑斓的斑块。光在照射到欧泊内部的大小直径相同的二氧化硅球体时会发生干涉和衍射，形成五颜六色的颜色。

4. 力学性质

（1）解理　解理不发育；具贝壳状断口。

（2）硬度　摩氏硬度为5.5~6.5。

（3）密度　欧泊的密度为 $2.10g/cm^3$。

5. 内外部显微特征

欧泊的色斑呈不规则片状，边界平坦且较模糊，表面呈丝绢状外观。内部有时可有二相和三相的气液包体，可含有石英、萤石、石墨、黄铁矿等矿物包体。

二、 欧泊的品种

1. 白欧泊

白欧泊（图2-4-1）的体色以浅色为主，背景颜色较浅，没有深颜色背景时的变彩明显。是欧泊中的常见品种，一般为半透明至微透明。

2. 黑欧泊

黑欧泊（图2-4-2）的体色为黑色、深蓝、深灰、深绿或深褐色。在暗色背景下，变彩效应更加夺目，是欧泊中的佳品。

3. 火欧泊

火欧泊（图2-4-3）的体色带橙黄色、橙红色、红色，无变彩或少量变彩，一般为透明至半透明。

图2-4-1 白欧泊　　　　图2-4-2 黑欧泊　　　　图2-4-3 火欧泊

4. 晶质欧泊

晶质欧泊（图2-4-4）是指具有变彩效应的透明或半透明的欧泊，体色可为深色或浅色。

5. 砾背欧泊

砾背欧泊（图2-4-5）由很薄的彩色欧泊附着在铁矿石上产出且二者无法分开。深色的铁矿石使欧泊更加漂亮。主要产自澳大利亚昆士兰州。

图2-4-4 晶质欧泊　　　　　　图2-4-5 砾背欧泊

 知识卡片2-4-1 /// **非洲水欧泊**

　　非洲埃塞俄比亚、苏丹等地出产的透明欧泊称为水欧泊，其最大特点是容易失水而失去变彩，浸水后会恢复，经过多次的失水会破碎。水欧泊经常冒充澳大利亚产的晶质欧泊，主要鉴别方法如下：

　　1. **变彩**：非洲水欧泊的变彩是浮在宝石表层的，晶质欧泊的变彩是从宝石内部表现出来的；水欧泊看上去不够明亮，有种雾蒙蒙的感觉，晶质欧泊有色斑且感觉明亮有深度。

　　2. **大小**：非洲水欧泊原石价格低，加工时易受热而爆裂，不宜磨太小，一般都大于2ct；晶质欧泊一般在2ct以下。

　　3. **形状**：二者都琢磨成弧面型。水欧泊一般厚度比较大，呈现馒头状；晶质欧泊一般琢磨成扁平状。究其原因，除了与原料的产出和大小有关外，另一个重要原因是水欧泊越薄其变彩效应越差。

　　4. **价格**：晶质欧泊的价格远远高于非洲水欧泊。

三、 欧泊与合成欧泊的鉴定

合成欧泊于1974年由吉尔森公司投入市场，其外观与天然欧泊极其相似，具体鉴别方法见表2-4-1。

表2-4-1 欧泊与合成欧泊的鉴别

鉴别内容	欧泊	合成欧泊
结构	天然欧泊的色斑是二维的，呈不规则片状，边界平坦且较模糊	合成欧泊的色斑是三维形态，呈柱状排列。正对其柱体观察时，柱体界线分明，边缘呈锯齿状，产生一种镶嵌状结构。镶嵌块内可有蛇皮（蜥蜴皮）状、蜂窝状或阶梯状的结构
发光性（辅助）	大多数有持续的磷光	合成白色欧泊几乎没有磷光；合成欧泊在长波紫外线照射下较天然欧泊更透明

 知识卡片2-4-2 //// 拼合欧泊

1. 拼合方法

拼合欧泊常见两层拼合石和三层拼合石。两层拼合石是将片状的欧泊和玉髓或劣质欧泊等材料用黏合剂黏结在一起；三层拼合石上层是水晶或玻璃，目的是增强欧泊的坚固性，中间层是薄片状的欧泊，下层是黑色胶或黑玛瑙，目的是提供深色背景来更好地显示变彩。

2. 鉴别特征

1）可以看到平直的接合面。

2）在接合面上通常可以见到被压扁的圆形的气泡。

3）侧面观察未镶嵌拼合石，可见接合线两侧在颜色、光泽、透明度等方面的差异。

4）在三层拼合石上层的玻璃中可见气泡和漩涡纹，且玻璃的折射率要比欧泊高。

任务实施

一、 准备工作

1. 了解欧泊、合成欧泊与拼合欧泊的鉴定特征。

2. 根据欧泊、合成欧泊、拼合欧泊的鉴定特征选择鉴定仪器。

二、 实施步骤

1. 小组讨论制定鉴定方案并明确任务分配。

2. 指导教师进行鉴定演示

（未知宝石-欧泊-是否合成-非合成欧泊-是否拼合？未知宝石-欧泊-合成欧泊？）。

3. 小组成员对拿到手的鉴定标本进行鉴定练习，有疑问要随时提出。

4. 小组讨论完成分配到手的宝石的鉴定检测报告。

三、 任务要求

1. 鉴定过程中要注意爱护仪器、管理好鉴定样品，不能丢失或混淆鉴定样品。

2. 主要鉴定过程要有照片或视频（欧泊的变彩效应视频）。

四、 任务考核

表 2－4－2 欧泊的鉴定过程考核标准

考 核 内 容		权重	考 核 标 准
基本素养		20%	能充分利用自主资源学习；听从指挥，服从安排，能与同学积极合作，具有团队合作精神。服装整洁、不穿拖鞋
鉴定过程 （40%）	1. 仪器操作与保护	30%	鉴定仪器操作规范，使用正确。使用时避免损伤仪器，避免丢失、损坏标本
	2. 团队合作	5%	团队任务分配合理，团队成员参与度高
	3. 时间控制	5%	鉴定用时要合理，尽量快而准确
鉴定结果		40%	鉴定数值准确，结果清晰，鉴定报告规范

五、 常见问题及指导

1. 欧泊在给出鉴定结果时应如何标准命名？

根据 GB/T 16552－2010 珠宝玉石名称，欧泊的标准名称有四个，欧泊、白欧泊、黑欧泊、火欧泊。

拼合欧泊的命名在 GB/T 16552－2010 珠宝玉石名称中也有规定，即在组成材料名称之后加"拼合石"三字或在其前加"拼合"二字。具体命名方法解释如下：① 可逐层写出组成材料名称，如蓝宝石、合成蓝宝石拼合石。②可只写出主要材料名称，如蓝宝石拼合石或拼合蓝宝石。

2. 为什么有些拼合欧泊的接合面找不到压扁的气泡？

气泡是在黏合两层材料时进入的，并不是每个拼合石的接合面都存在，这时应该去寻找其他拼合欧泊的鉴别特征来进行鉴定。

六、 任务成果

简 明 检 验 报 告

NO.

样品原标名	样品	检验类别	委托检验
样品编号		接样地点	
检验要求	珠宝玉石检验	接样日期	年　月　日
委托单位	珠宝学院	检验小组	
检验依据	GB/T 16552－2010《珠宝玉石名称》、GB/T 16553－2010《珠宝玉石鉴定》		

（续）

检验项目汇总表	总质量（g）		其他特征		样品照片
	样品状态描述				
	颜色				
	光泽				
	折射率				
	双折射率				
	密度				
	紫外荧光	长波			
		短波			
	吸收光谱				
	光性特征				
	多色性				
	放大检查				
	其他检查				
检验结论					
备 注					

批准：_____

检验单位签章：

审核：_____

主检：_____

检验日期： 年 月 日

本报告仅对受检验样品负责，本报告复印、涂改、无签名无效。

知识拓展

表 2-4-3 欧泊的质量评价

评价内容	评 价 及 标 准
颜色	一般来说黑欧泊比白欧泊或浅色欧泊价值更高
变彩	变彩均匀、完全，无变彩的部分越少越好。变彩的颜色可出现单一颜色，变彩色斑颜色依蓝、绿、黄、橙、红其价值逐渐增高。变彩的颜色也可是组合色，颜色越丰富越好，越明亮越好
净度	欧泊不应有明显的裂痕和其他杂色包体，否则其耐久性和美观度将受影响
大小	体积越大越好
主要产地	澳大利亚、墨西哥、巴西、捷克、斯洛伐克等

职业资格考试练习题

一、填空题

1. 欧泊的化学成分是_____，其内含_____%左右的_____。

2. 欧泊的主要组成矿物是_____，其次还可有石英、黄铁矿等。

3. 欧泊的颜色种类和变彩程度取决于 SiO_2 小球的_____和_____。

4. 欧泊的二层拼合石通常是由_____和_____或_____拼合而成；欧泊的三层拼合石通常是由_____、_____和_____拼合而成。

5. 天然欧泊的色斑呈_____状，其特点为色斑边界模糊，通常沿一定方向排列成纤维状外观。合成欧泊的色斑呈_____状，其特点为具有三维形态，色斑界限分明，呈锯齿状，为_____结构。

6. 世界上欧泊的主要来源地为_____，火欧泊的主要来源地为_____。

二、选择题

1. 欧泊是（　　　）。

    A. $SiO_2 \cdot nH_2O$ 的非晶质体　　　　　B. $SiO_2 \cdot nH_2O$ 的隐晶质集合体

    C. SiO_2 的隐晶质集合体　　　　　　　D. SiO_2 的非晶质体

2. 欧泊折射率较低，通常火欧泊1.40，其他欧泊1.45，但某些情况下，欧泊折射率最低可至_____高可达_____。（　　　）

    A. 1.30；1.50　　　B. 1.32；1.53　　　C. 1.28；1.56　　　D. 1.37；1.50

3. 欧泊的变彩效应是因为（　　　）。

    A. 变色　　　　　　B. 他色　　　　　　C. 自色　　　　　　D. 假色

4. 欧泊根据颜色及其他特征有许多品种，其中品质最佳与数量最多的品种为（　　　）。

    A. 黑欧泊和白欧泊　B. 黑欧泊和火欧泊　C. 白欧泊和火欧泊　D. 欧泊猫眼和白欧泊

5. 合成欧泊与天然欧泊的主要差异是（　　　）。

    A. 色斑结构　　　　B. 折射率　　　　　C. 密度　　　　　　D. 吸收光谱

6. 欧泊拼合二层石与含有围岩的天然欧泊之间的最大区别是（　　　）。

    A. 变彩强　　　　　B. 光泽弱　　　　　C. 密度小　　　　　D. 直线状结合面

7. 天然欧泊的主要鉴别特征是（　　　）。

    A. 色斑特点和色斑构造　　　　　　　　B. 色斑特点和相对密度

    C. 色斑特点和相对密度　　　　　　　　D. 色斑特点和发光性

三、问答题

1. 对比天然欧泊与合成欧泊的鉴定特征。

2. 如何对两层欧泊拼合石与三层欧泊拼合石进行鉴别？

任务 5　青金石的鉴定 →

任务提出

1. 以小组为单位，通过肉眼观察和仪器鉴定，完成青金石的鉴定检测报告。
2. 通过肉眼和仪器将青金石与相似品相区别。

相关知识

一、青金石的鉴定特征

1. 矿物组成及化学成分

青金石玉石以青金石矿物为主，并含有方钠石、蓝方石、方解石和黄铁矿等多种矿物集合体，也称"青金岩"。青金石中的方解石总是以白色细脉状或斑状出现；黄铁矿使青金石呈现黄铜状闪光。

青金石的主要组成矿物青金石的晶体化学式可写作：$(NaCa)_8 (AlSiO_4)_6 (SO_4, Cl, S)_2$。

2. 晶系及结晶习性

青金石为等轴晶系，青金石玉通常呈致密块状。

3. 光学性质

（1）颜色　青金石呈中至深的微绿蓝色至紫蓝色，常有铜黄色黄铁矿、白色方解石、黑绿色透辉石以及普通辉石的色斑（图 2-5-1、图 2-5-2）。

图 2-5-1　青金石手链　　　　　　　　　图 2-5-2　青金石手镯

（2）光泽及透明度　抛光面为玻璃光泽至蜡状光泽；半透明至不透明。

（3）光性　均质集合体，因不透明，偏光镜下不可测定光性。

（4）折射率　点测 1.50 左右，有时因含方解石可达 1.67。

（5）多色性　集合体，多色性不可测。

（6）发光性　长波紫外线下青金石内的方解石可发出粉红色荧光；短波紫外线下发弱至中等的绿色或黄绿色荧光。

4. 力学性质

（1）解理　集合体无解理。

（2）硬度　摩氏硬度为 5～6。

（3）密度　青金石的密度为 2.75（±0.25）g/cm³。

5. 放大检查

粒状结构，常含黄色黄铁矿斑点及白色方解石团块或网脉。

6. 其他性质

青金石在查尔斯滤色镜下呈褐红色；共生方解石与酸强烈反应，起泡，故不可将它放入电镀槽、超声波清洗器和珠宝清洗液中。

图 2-5-3　方钠石

二、青金石与相似品的鉴别

与青金石相似的宝石主要有方钠石（图 2-5-3），仿制品主要为吉尔森"合成青金石"（图 2-5-4）、烧结尖晶石、染色大理岩、染色碧玉等。吉尔森"合成青金石"是一种仿制品，是以染料、黄铁矿、含水磷酸锌等材料人工制成。烧结尖晶石是用粉碎后的合成蓝色尖晶石经高温熔接在一起制成的。染色碧玉曾被称为"瑞士青金石""德国青金石""意大利青金石"，通常是用亚铁氰酸钾和硫酸亚铁将碧玉染成蓝色。青金石与相似品的具体鉴别方法见表 2-5-1。

图 2-5-4　吉尔森
合成青金石

表 2-5-1　青金石与相似玉石的鉴别

宝石名称	RI	SG	滤色镜	其他鉴定特征
青金石	1.50 或 1.67	2.75±	褐红色	粒状结构；颜色均匀；常见黄铁矿包体及白色斑块状方解石
方钠石	1.483±	2.25±	红褐色	深蓝至紫蓝色，常含白色脉（也可见黄色或红色），颜色往往呈斑块状；长波下呈无至弱的橙红色斑块状荧光；极少见到黄铁矿包体；透明度比青金石高
吉尔森合成青金石	1.50	2.45±	无变化	颜色均匀；不含斑块状方解石；黄铁矿颗粒均匀分布且颗粒边棱规则平直；质地细腻；反射光下可见角状暗紫色小斑块。
烧结尖晶石	1.72	3.52	亮红色	明亮的蓝色，颜色分布均匀；光泽较强；黄色金斑分布均匀、规则，且硬度较低，钢针可扎入；分光镜下呈钴谱
染色大理岩	1.48～1.65	2.70±	无变化	颜色集中在裂隙和颗粒边界；染料可被丙酮擦掉；接近瓷器般的光泽
染色碧玉	1.53	2.60	无变化	颜色分布不均匀，有色可见玛瑙状条纹；无黄铁矿包体；贝壳状断口

知识卡片 2-5-1　青金石的老料与新料

老料： 离热液源比较近的地方，热液直接冷却成矿，形成质地细腻纯正的大块青金石块，称之为老料。

新料： 离热液源较远的地方，热液流动距离长，能量相对较低，对周围的围岩产生的蚀变能力较弱，交代变质作用也较弱，形成的青金石矿具有分层特征。距离岩浆热源越远，形成的青金石品质也越来越差，杂质含量越来越高，青金层的厚度也越来越小。对这种矿石民间称之为"新矿"或者"新料"。

新老料是一种渐变关系，离岩浆热源越近，矿石品质相对越好，离得越远，品质相对越差。需要注意的是老料中也有品质较差的青金石，新料中也有品质相对好的青金石，因此，老料、新料的品质只代表平均水平，不能一概而论。

三、 青金石的优化处理

1. 浸蜡 （优化）

目的：改善外观。

鉴定方法：放大检查可发现有些地方有蜡层剥离的现象；热针探测有蜡析出。

2. 浸无色油 （优化）

目的：改善外观。

鉴定方法：热针探测有油析出。

3. 染色处理

目的：改善颜色。

鉴定方法：放大检查可见颜色沿缝隙富集；用丙酮、酒精擦拭可擦掉染料。如果发现有蜡，应先去掉蜡层，然后再进行以上测试。

任务实施

一、 准备工作

1. 了解青金石的鉴定特征。
2. 了解青金石与相似品的鉴别方法。
3. 青金石、方钠石等宝石标本及宝石鉴定仪器仪器。

二、 实施步骤

1. 小组讨论制定鉴定方案并明确任务分配。
2. 指导教师进行鉴定演示
（未知宝石 – 青金石 – 是否优化处理？未知宝石 – 不是青金石 – 具体品种？）。
3. 小组成员对拿到手的鉴定标本进行鉴定练习，有疑问要随时提出。
4. 小组讨论完成分配到手的宝石的鉴定检测报告。

三、 任务要求

1. 鉴定过程中要注意爱护仪器、管理好鉴定样品，不能丢失或混淆鉴定样品。
2. 主要鉴定过程要有照片或视频。

四、 任务考核

表 2 – 5 – 2　青金石的鉴定过程考核标准

考 核 内 容		权重	考 核 标 准
基本素养		20%	能充分利用自主资源学习；听从指挥，服从安排，能与同学积极合作，具有团队合作精神。服装整洁、不穿拖鞋
鉴定过程（40%）	1. 仪器操作与保护	30%	鉴定仪器操作规范，使用正确。使用时避免损伤仪器，避免丢失、损坏标本
	2. 团队合作	5%	团队任务分配合理，团队成员参与度高
	3. 时间控制	5%	鉴定用时要合理，尽量快而准确
鉴定结果		40%	鉴定数值准确，结果清晰，鉴定报告规范

五、 常见问题及指导

青金石应该如何保养?

夏天汗水较多的时候尽量不要佩戴青金石;避免青金石与香水沐浴露、肥皂水、洗洁精等酸性、碱性溶液接触;青金石硬度较低,最好不要多串一起佩戴。

六、 任务成果

简 明 检 验 报 告

NO.

样品原标名	样品		检验类别	委托检验	
样品编号			接样地点		
检验要求	珠宝玉石检验		接样日期	年 月 日	
委托单位	珠宝学院		检验小组		
检验依据	GB/T 16552 – 2010《珠宝玉石名称》、GB/T 16553 – 2010《珠宝玉石鉴定》				
检验项目汇总表	总质量(g)		其他特征		样品照片
	样品状态描述				
	颜色				
	光泽				
	折射率				
	双折射率				
	密度				
	紫外荧光	长波			
		短波			
	吸收光谱				
	光性特征				
	多色性				
	放大检查				
	其他检查				
检验结论					
备 注					
批准:_____ 审核:_____ 主检:_____	检验单位签章:			检验日期: 年 月 日	

本报告仅对受检验样品负责,本报告复印、涂改、无签名无效。

知识拓展

表 2-5-3　青金石的质量评价

评价等级	评 价 要 求
最好	不含黄铁矿和方解石，属"青金不带金"者。质地纯净、细腻，颜色浓艳、均匀，以深蓝色、深天蓝色为最佳品种
次之	黄铁矿小晶体呈浸染状或细点状星散分布于玉石中，无白斑状方解石。质地较纯，且致密细腻，颜色浓艳均匀，以深蓝、深天蓝色者为上品
再次	含大量黄铁矿的致密块体。黄铁矿含量多于青金石，且黄铁矿集结成团，不呈星散状。含方解石白斑或白花，质地不均匀。抛光后如同金龟子外壳一样金光闪闪
最差	青金石矿物和方解石混杂在一起，一般不含黄铁矿。表现为蓝白二色混杂

职业资格考试练习题

一、填空题

1. 青金石的主要矿物是_____。

2. 青金石的折射率为_____、硬度为_____、密度为_____。

3. 青金石放大检查主要特点是含黄色的_____、白色的_____矿物包体。

4. 染色青金石的主要鉴别方法是放大观察，可见_____。

5. 青金石的主要产地有_____和_____等。

二、是非题（是：Y，非：N）

1. 青金石与方钠石的颜色最为相似。（　　　）

2. 青金石在偏光镜下观察为四明四暗。（　　　）

3. 最优质青金石的产地为阿富汗。（　　　）

4. 合成青金石的密度和折射率都高于天然青金石。（　　　）

5. 青金石无论在长波紫外线还是短波紫外线下都没有荧光。（　　　）

6. 极品青金石应该是没有白色方解石和黄色黄铁矿的紫蓝色青金石。（　　　）

三、问答题

1. 合成青金石与天然青金石如何鉴别？

2. 青金石质量评价的要点有哪些？

3. 如何区别青金石与方钠石？

任务6　绿松石的鉴定 →

任务提出

1. 以小组为单位，通过肉眼观察和仪器鉴定，完成绿松石的鉴定检测报告。
2. 通过肉眼及仪器将绿松石与孔雀石、海纹石相区别。
3. 通过肉眼及仪器将绿松石与吉尔森合成绿松石鉴别出来。

相关知识

一、 绿松石的鉴定特征

1. 矿物组成及化学成分

主要组成矿物为绿松石，常见共生矿物为高岭石、石英、褐铁矿及炭质等。晶体化学式可写作：$CuAl_6[PO_4]_4(OH)_8 \cdot 4H_2O$，是一种含水的铜铝磷酸盐。

2. 晶系及结晶习性

绿松石为三斜晶系，单晶体宝石极少见，集合体通常呈致密块状、葡萄状、结核状等构造（图2-6-1、图2-6-2）。

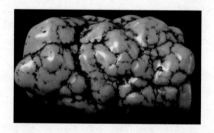
图2-6-1　绿松石原石

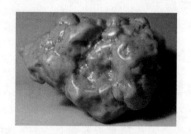
图2-6-2　绿松石原石

3. 光学性质

（1）颜色　常见颜色为浅至中等蓝色、绿蓝色至绿色，常伴有白色细纹、斑点、褐黑色网脉或暗色矿物杂质（图2-6-3、图2-6-4、图2-6-5）。

图2-6-3　蓝色绿松石

图2-6-4　绿色绿松石

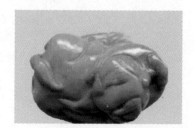
图2-6-5　铁线绿松石

（2）光泽及透明度　一般为蜡状光泽、油脂光泽或玻璃光泽，结构疏松者为土状光泽。

（3）光性　非均质集合体，因不透明，偏光镜下不可测定光性。

（4）折射率　绿松石集合体的折射率在1.61~1.65之间，一般点测通常为1.61。

（5）多色性　集合体多色性不可测。

（6）发光性　长波紫外线下绿松石一般呈无至弱的黄绿色荧光；短波紫外线下无荧光。

（7）吸收光谱　强反射光下，紫区420、432nm处可见吸收带，有时可见蓝区460nm处模糊吸收带。

4. 力学性质

（1）解理　集合体无解理；参差状断口。

（2）硬度　优质绿松石的摩氏硬度为5~6，质地疏松的绿松石摩氏硬度可低至3左右。

（3）密度　绿松石的密度为2.76（+0.14，-0.36）g/cm³，多孔绿松石的密度可降至2.40g/cm³。

5. 放大检查

常见由高岭石、石英等次要矿物构成的细小的白色纹理和斑块；常见由褐铁矿和炭质杂质聚集而成的褐色、黑褐色的纹理和色斑，称为"铁线"。

 知识卡片2-6-1 //// **绿松石的主要品种**

1. 按质地和硬度划分

1）瓷松：天蓝色，质地致密细腻，硬度大（5.5~6），如同上釉的瓷器，称为瓷松。

2）硬松：质地致密，细腻度稍差，硬度中等（4.5~5.5）。

3）泡松：质地疏松粗糙，硬度低（小于4.5），颜色发白（月白色、浅蓝白色），光泽暗淡。

4）面松：质地比泡松更松软，用指甲能刻画出粉末。

2. 按结构和构造划分

1）晶体绿松石：透明单晶体，极罕见，主要产于美国。

2）块状绿松石：隐晶质至显晶质集合块体，常见。

3）铁线绿松石：含有黑色或褐色铁质斑点或网脉的绿松石。

4）浸染绿松石：绿松石呈斑点状、角砾状分布在脉石中，脉石多由高岭石、褐铁矿或其他围岩物质组成。

二、吉尔森"合成"绿松石的鉴别

吉尔森"合成"绿松石是由吉尔森公司生产，于1972年面市，是原材料的再生产品。其折射率、密度与天然绿松石接近，主要鉴别方法见表2-6-1。

表2-6-1 吉尔森"合成"绿松石与天然绿松石的鉴别

鉴别特征	天然绿松石	吉尔森"合成"绿松石
外观特征	颜色不均匀；可见白色斑点或褐黑色铁线	颜色均匀；可见铁线，构图与天然铁线不同
放大检查	铁线千变万化，粗细分布不均匀，且铁线一般内凹	放大50倍时，可见基质中均匀分布大量的球形或角状蓝色微粒，称为"麦片粥"现象
吸收光谱	紫区420、432nm处可见吸收带，有时可见蓝区460nm处模糊吸收带	缺失天然绿松石的吸收光谱

三、 绿松石与相似玉石的鉴别

与绿松石相似的玉石主要有孔雀石和针钠钙石。孔雀石（图2-6-6）呈特征的孔雀绿色，常具同心环状、条带状结构，比较容易与绿松石区别开。针钠钙石（图2-6-7）市面上又称为海纹石、拉利玛，具有特征的如波浪般的蓝白纹理，因含铜而具有从天蓝到浅绿色的美丽色泽，主要产于多米尼加。绿松石与孔雀石、海纹石的鉴别见表2-6-2。

图2-6-6 孔雀石大象

图2-6-7 针钠钙石

表2-6-2 绿松石与相似玉石的鉴别

宝石名称	颜色	RI	SG	Hm	其他特征
绿松石	天蓝、蓝绿至绿	1.61	2.76	5~6	表面可见白斑、铁线
孔雀石	孔雀绿色	1.655~1.909	3.95	3.5~4	同心环状、条带状结构
针钠钙石	天蓝至浅绿	1.59~1.63	2.70~2.90	4.5~6	波浪状、多边形蓝白纹理

知识卡片2-6-2 //// "睡美人" 绿松石

"睡美人"绿松石矿地处美国亚利桑那州，因为矿山的形状貌似童话故事中的睡美人而得名。由于绿松石的矿产资源日益减少，在美国大多数的绿松石矿都已经封矿，仅有两家还在开采，睡美人矿便是其中的一家，并且出产的松石质量最好。因此睡美人绿松石逐渐成为市场的新宠，且价格昂贵。

"睡美人"绿松石矿已有一百多年的开采历史，所出产的绿松石多为高品质松石（图2-6-8、图2-6-9）：颜色以纯正的天蓝色和深蓝色为主，颜色均匀、质地细腻，一般无铁线，相对密度较大，一般摩氏硬度为5~6。抛光后的光泽质感很像瓷器，故又称之为瓷松。

需要注意的是，市场上所出售的"睡美人"绿松石多经过处理，也就是通常所说的"扎克里（Zachery）"处理。

图2-6-8 睡美人绿松石

图2-6-9 睡美人绿松石

💎 任务实施

一、 准备工作

1. 了解绿松石的鉴定特征。

2．了解吉尔森合成绿松石的鉴别方法。

3．绿松石、合成绿松石、孔雀石、针钠钙石等宝石样品及宝石鉴定仪器。

二、 实施步骤

1．小组讨论制定鉴定方案并明确任务分配。

2．指导教师进行鉴定演示

（未知宝石－绿松石－是否合成；未知宝石－不是绿松石－宝石品种？）。

3．小组成员对拿到手的鉴定标本进行鉴定练习，有疑问要随时提出。

4．小组讨论完成分配到手的宝石的鉴定检测报告。

三、 任务要求

1．鉴定过程中要注意爱护仪器、管理好鉴定样品，不能丢失或混淆鉴定样品。

2．主要鉴定过程要有照片或视频。

四、 任务考核

表2－6－3　绿松石的鉴定过程考核标准

考 核 内 容		权重	考 核 标 准
基本素养		20%	能充分利用自主资源学习；听从指挥，服从安排，能与同学积极合作，具有团队合作精神。服装整洁、不穿拖鞋
鉴定过程（40%）	1．仪器操作与保护	30%	鉴定仪器操作规范，使用正确。使用时避免损伤仪器，避免丢失、损坏标本
	2．团队合作	5%	团队任务分配合理，团队成员参与度高
	3．时间控制	5%	鉴定用时要合理，尽量快而准确
鉴定结果		40%	鉴定数值准确，结果清晰，鉴定报告规范

五、 常见问题及指导

绿松石在鉴定过程中的注意事项是什么？

（1）尽量避免绿松石与折射油长久接触，以防绿松石被测部分变色。

（2）部分绿松石结构疏松、多孔，不适宜用静水力学法测试密度。

六、 任务成果

简 明 检 验 报 告

NO.

样品原标名	样品	检验类别	委托检验
样品编号		接样地点	
检验要求	珠宝玉石检验	接样日期	年 月 日
委托单位	珠宝学院	检验小组	
检验依据	GB/T 16552－2010《珠宝玉石名称》、GB/T 16553－2010《珠宝玉石鉴定》		

（续）

<table>
<tr><td rowspan="13">检验项目汇总表</td><td colspan="2">总质量（g）</td><td></td><td>其他特征</td><td></td><td rowspan="11">样品照片</td></tr>
<tr><td colspan="2">样品状态描述</td><td colspan="3"></td></tr>
<tr><td colspan="2">颜色</td><td colspan="3"></td></tr>
<tr><td colspan="2">光泽</td><td colspan="3"></td></tr>
<tr><td colspan="2">折射率</td><td colspan="3"></td></tr>
<tr><td colspan="2">双折射率</td><td colspan="3"></td></tr>
<tr><td colspan="2">密度</td><td colspan="3"></td></tr>
<tr><td rowspan="2">紫外荧光</td><td>长波</td><td colspan="3"></td></tr>
<tr><td>短波</td><td colspan="3"></td></tr>
<tr><td colspan="2">吸收光谱</td><td colspan="3"></td></tr>
<tr><td colspan="2">光性特征</td><td colspan="3"></td></tr>
<tr><td colspan="2">多色性</td><td colspan="4"></td></tr>
<tr><td colspan="2">放大检查</td><td colspan="4"></td></tr>
<tr><td colspan="3">其他检查</td><td colspan="3"></td></tr>
<tr><td colspan="3">检验结论</td><td colspan="3"></td></tr>
<tr><td colspan="3">备　注</td><td colspan="3"></td></tr>
<tr><td colspan="3">批准：_____</td><td colspan="3" rowspan="3">检验单位签章：</td></tr>
<tr><td colspan="3">审核：_____</td></tr>
<tr><td colspan="3">主检：_____</td></tr>
</table>

检验日期：　　年　月　日

本报告仅对受检验样品负责，本报告复印、涂改、无签名无效。

知识拓展

表 2-6-4　绿松石的质量评价

评价内容	评 价 及 标 准
颜色	绿松石颜色要纯正、均匀、鲜艳，最好的颜色应为天蓝色，其次为深蓝色、蓝绿色、绿色、灰色、黄色
净度	绿松石多含黏土矿物和方解石等白色杂质，以及铁线，会降低绿松石的品质。优质绿松石要求没有白斑、没有铁线，如有铁线，则要求铁线图案精美、致密
结构	密度、硬度越高，结构越致密，价值越高
重量	同等条件下块度越大，价值越高

职业资格考试练习题

一、填空题

1. 吉尔森合成绿松石在显微镜下可见_____结构，而天然绿松石具有_____。

2. 世界上绿松石的主要产地是_____，中国的绿松石的主要产地是_____。

3. 绿松石是一种含水的铜铝_____，随着铜离子和水的流失，颜色由蔚蓝色变成_____。

4. 再造绿松石具有典型的_____结构，放大检查时可以看到清晰的颗粒界限及基质中深蓝色染料颗粒。

5. 绿松石的质量可以从_____、_____、_____、_____和等方面评估。

二、是非题（是：Y，非：N）

1. 绿松石是土耳其的国石，因其主要产在土耳其又称为土耳其玉。（   ）

2. 绿松石的英文名称是 Turquoise。（   ）

3. 绿松石的黑色纹理是由褐铁矿和炭质等黑色矿物聚集而成。（   ）

4. 绿松石是一种他色宝石。（   ）

5. 绿松石的致色离子为铜离子。（   ）

6. 中国最著名的绿松石产地是湖北。（   ）

7. 极品的绿松石颜色应该是天蓝色，净度应该是无白脑、铁线。（   ）

三、问答题

1. 合成绿松石与天然绿松石如何鉴别？

2. 绿松石质量评价的要点有哪些？

任务 7 蛇纹石玉的鉴定 →

任务提出

1. 以小组为单位，通过肉眼观察和仪器鉴定，完成蛇纹石玉的鉴定检测报告。
2. 通过肉眼观察及仪器鉴定区别蛇纹石玉与葡萄石。

相关知识

一、蛇纹石玉的鉴定特征

1. 组成矿物及化学成分

蛇纹石玉的主要组成矿物是蛇纹石，晶体化学式可写作：$(Mg, Fe, Ni)_3Si_2O_5(OH)_4$，次要矿物有方解石、滑石、磁铁矿、透闪石、透辉石等。次要矿物含量的变化很大，对玉石的质量有着明显的影响。

2. 结晶特点

叶片状、纤维状交织结构，常见均匀的致密块状构造。

3. 光学性质

（1）颜色 蛇纹石玉常见的颜色主要有黄绿色、深绿色、绿色、灰黄色、白色、棕色、黑色及多种颜色的组合（图2-7-1、图2-7-2、图2-7-3）。

图2-7-1 蛇纹石玉手镯　　　　图2-7-2 蛇纹石玉手镯　　　　图2-7-3 蛇纹石玉摆件

（2）光泽及透明度 蜡状光泽至玻璃光泽；半透明至不透明。

（3）光性 非均质集合体。

（4）折射率 通常点测为1.56或1.57。

（5）发光性 蛇纹石在紫外灯下表现为荧光惰性，有时在长波紫外线下可有微弱的绿色荧光。

4. 力学性质

（1）解理 解理不发育；断口呈参差状。

（2）硬度 蛇纹石玉的摩氏硬度为2.5~6，随矿物组成变化而异。

（3）密度 蛇纹石玉的密度为2.57（ +0.23， -0.13）g/cm³。

5. 放大检查

放大观察时，可见蛇纹石玉呈叶片状、纤维状交织结构。在蛇纹石黄绿色基底中可见少量黑色矿物包裹体以及白色、褐色条带或团块（图 2-7-4、图 2-7-5）。

图 2-7-4　蛇纹石玉　　　　　　图 2-7-5　蛇纹石玉手镯

二、 蛇纹石玉的品种

蛇纹石玉产地多，在中国分布广泛，因产地不同其矿物组合各异，表现在质地及颜色等方面的特点也有所不同。

1. 岫岩玉

岫岩玉颜色丰富，主要为淡绿至浓绿色、黄绿色、白色，另有烟灰色、黑色及花斑色。产地以辽宁岫岩为代表。透明至微透明，一般质地较细腻。

2. 酒泉玉

也称为"酒泉玉"或"祁连玉"，有时也称墨绿玉，是一种含有黑色斑点或不规则黑色团块的暗绿色致密块状蛇纹玉石，一般质地较好。产地为我国甘肃省祁连山地区。

3. 信宜玉

也称"南方玉"或"南方岫玉"，是一种含有美丽花纹的质地细腻的暗绿色、绿色的致密块状蛇纹石玉。产于我国广东省信宜市。

4. 陆川玉

主要有两个品种，一是带浅白色花纹的翠绿至深绿色、微透明至半透明的较纯蛇纹石玉；另一种为青白至白色、具丝绢光泽、微透明的透闪石蛇纹石玉。产于我国广西的陆川。

5. 鲍温玉

又称"鲍文玉"，一般为黄绿色至淡灰绿色，一般呈半透明。产地以新西兰为代表。

6. 威廉玉

浓绿色，半透明，产地以美国宾州为代表。

7. 高丽玉

产于朝鲜，呈鲜艳的黄绿色，透明度好，质地细腻，为优质蛇纹石玉。

8. 加利福尼亚猫眼石

一种具有纤维状构造的蛇纹石岩，纤维平行排列，具丝绢光泽，琢磨成弧面型后，可出现猫眼效应，因主要产于美国加利福尼亚，故称为加利福尼亚猫眼。

知识卡片 2-7-1 //// **180 岫玉与黄金岫玉**

　　180 岫玉（图 2-7-6）是 1991 年发现的产于矿井下 180 米处的精品玉料，也由此得名。较之普通的岫玉，其颜色为暗绿色并且不会褪色；玉质温润且透明度好。180 岫玉结晶颗粒小且结晶程度高，尤其在抛光之后，玉质更显温润；其透明度好，几乎找不到杂质，韧性较高，在雕刻时可选择镂雕以凸显其晶莹剔透。其生成年代早于其他的普通岫玉，其储存数量有限。后期开采的 180 料继承了不褪色和温润的感觉，但是颜色更偏向阳绿，较普通岫玉的硬度高，一般小刀划不动。基本上已经没有产出。

　　黄金岫玉（图 2-7-7）指的是蜜黄色、金黄色岫玉，主要产自朝鲜和岫岩三家子矿。

图 2-7-6　180 岫玉

图 2-7-7　黄金岫玉

三、蛇纹石玉与相似玉石的鉴别

　　葡萄石市场上又称之为绿石榴，是一种钙铝硅酸盐，因常见黄绿色，外观上与蛇纹石玉相似。蛇纹石玉与葡萄石的鉴别见表 2-7-1。

表 2-7-1　蛇纹石玉与葡萄石的鉴别

鉴别项目	蛇纹石玉	葡萄石
化学成分	含水的镁质硅酸盐：$(Mg, Fe, Ni)_3Si_2O_5(OH)_4$	含水的钙铝硅酸盐：$Ca_2Al(AlSi_3O_{10})(OH)$
结构	叶片状、纤维交织结构	纤维放射状结构
颜色	黄绿至深绿色、灰黄色、白色、棕色、黑色及多种颜色的组合	绿色、白色、浅黄、肉红或无色
光泽	蜡状光泽至玻璃光泽	玻璃光泽
透明度	透明至微透明	透明至半透明
光性	光性集合体	光性集合体
折射率	点测 1.56 或 1.57	点测 1.63
荧光	一般无，有时在长波下可见弱绿色荧光	无荧光
硬度	2.5~6	6~6.5
密度	2.57	2.80~2.95
放大检查	叶片状、纤维状交织结构。在蛇纹石黄绿色基底中可见少量黑色矿物包裹体以及白色、褐色条带或团块	纤维放射状结构

任务实施

一、准备工作

1. 了解蛇纹石玉与葡萄石的鉴定特征。
2. 根据蛇纹石玉与葡萄石的鉴定特征选择鉴定仪器。

二、实施步骤

1. 小组讨论制定鉴定方案并明确任务分配。
2. 指导教师进行鉴定演示。
3. 小组成员对拿到手的鉴定标本进行鉴定练习，有疑问要随时提出。
4. 小组讨论完成分配到手的宝石的鉴定检测报告。

三、任务要求

1. 鉴定过程中要注意爱护仪器、管理好鉴定样品，不能丢失或混淆鉴定样品。
2. 主要鉴定过程要有照片或视频。

四、任务考核

表 2-7-2　蛇纹石玉的鉴定过程考核标准

考 核 内 容		权重	考 核 标 准
基本素养		20%	能充分利用自主资源学习；听从指挥，服从安排，能与同学积极合作，具有团队合作精神。服装整洁、不穿拖鞋
鉴定过程（40%）	1. 仪器操作与保护	30%	鉴定仪器操作规范，使用正确。使用时避免损伤仪器，避免丢失、损坏标本
	2. 团队合作	5%	团队任务分配合理，团队成员参与度高
	3. 时间控制	5%	鉴定用时要合理，尽量快而准确
鉴定结果		40%	鉴定数值准确，结果清晰，鉴定报告规范

五、常见问题及指导

1. 如何表述蛇纹石玉的标准名称？

蛇纹石玉的标准名称有蛇纹石玉和岫玉，岫玉是泛指主要矿物成分为蛇纹石的玉石，没有产地意义。

2. 新买的岫玉颜色和透明度都挺好，拿回家放了几天，颜色和透明度都变差了，这是为何？

这就是平时大家说的跑水现象。针对这种现象，有些商家将容易跑水的岫玉放在水中吸足了水，颜色和透明度都变好之后再拿出来售卖。

岫玉是由蛇纹石组成的，而蛇纹石是一种含水的层状硅酸盐矿物。水在矿物中可以结构水、层间水、吸附水等形式存在，不同形式的水的失水温度也是不同的。岫玉在常温下就能失水，失水之后的岫玉的颜色和透明度都会变差。不同岫玉的跑水程度也不同。

六、 任务成果

简 明 检 验 报 告

NO.

样品原标名	样品	检验类别	委托检验
样品编号		接样地点	
检验要求	珠宝玉石检验	接样日期	年 月 日
委托单位	珠宝学院	检验小组	
检验依据	GB/T 16552 – 2010《珠宝玉石名称》、GB/T 16553 – 2010《珠宝玉石鉴定》		

检验项目汇总表	总质量（g）		其他特征		样品照片
	样品状态描述				
	颜色				
	光泽				
	折射率				
	双折射率				
	密度				
	紫外荧光	长波			
		短波			
	吸收光谱				
	光性特征				
	多色性				
	放大检查				
	其他检查				
检验结论					
备 注					

批准：_____

审核：_____

主检：_____

检验单位签章：

检验日期： 年 月 日

本报告仅对受检验样品负责，本报告复印、涂改、无签名无效。

知识拓展

表2-7-3 蛇纹石玉的质量评价

评价内容	评 价 及 标 准
颜色	岫玉的颜色有绿色、黄色、黑色、白色以及它们的混合色，另外还有具不同颜色纹理的花玉，其中以绿色岫玉为最佳，黄色次之。一般情况下，颜色的浓度不宜太高或太低；色纯度越高、没有其他颜色混入时越好；越鲜艳越好；颜色分布越均匀越好。对于花玉，各种颜色的色调以及花纹是主要的评价依据
透明度	大多数岫玉的透明度比较好，半透明或不透明的岫玉价格较低
净度	岫玉中可见白色絮状物或黑色杂质，这会影响玉石的透明度及美感，尤其是黑色杂质，对于影响岫玉的质量是最严重的。由于透明度较高，岫玉总含有杂质及内含物，所含杂质、内含物越少越好
块度	岫玉大雕件价值较高，小的珠宝饰品由于其产出质量、产量等原因价格较低

职业资格考试练习题

一、是非题（是：Y，非：N）

1. 市场上的岫玉指的是产自辽宁岫岩的蛇纹石玉。（　　）

2. 蛇纹石玉的主要矿物是蛇纹石，玉的密度、硬度变化很小。（　　）

3. 辽宁岫岩产的有蛇纹石玉、闪石玉和含闪石和蛇纹石的玉。（　　）

4. 蛇纹石玉的硬度随透闪石的含量加大而增高。（　　）

5. 葡萄石与蛇纹石玉的不同之处在于葡萄石具有纤维放射状结构。（　　）

二、选择题

1. 下列选项中，（　　）不属于蛇纹石玉品种。

　　A. 祁连玉　　　　　B. 鲍文玉　　　　　C. 阿富汗玉　　　　　D. 信宜玉

2. 下列玉石中可能被小刀刻画动的是（　　）。

　　A. 软玉　　　　　　B. 澳玉　　　　　　C. 马来玉　　　　　　D. 岫玉

3. 市场是被称为岫岩老玉或老玉河磨玉的是（　　）。

　　A. 蛇纹石玉　　　　B. 软玉　　　　　　C. 蛇纹石化大理岩　　D. 透闪－蛇纹石

4. 蛇纹石玉随（　　）含量增加，硬度增大。

　　A. 白云石　　　　　B. 蛇纹石　　　　　C. 菱镁矿　　　　　　D. 透闪石

5. 常呈板状、片状、葡萄状、放射状或块状集合体，折射率为1.616～1.649，点测1.63，相对密度2.80～2.95，具纤维状结构的白色、浅黄、肉红或浅绿色玉石是（　　）

　　A. 翡翠　　　　　　B. 葡萄石　　　　　C. 岫玉　　　　　　　D. 钠长石玉

三、问答题

结合本次课任务中的蛇纹石玉标本，谈谈如何对蛇纹石玉进行质量评价。

任务 8　其他玉石的鉴定 →

任务提出

1. 以小组为单位，通过肉眼观察和仪器鉴定，完成菱锰矿、黑曜岩、舒纪石、查罗石和绿龙晶的鉴定检测报告。

2. 通过肉眼观察和仪器鉴定将菱锰矿与蔷薇辉石相区别。

相关知识

一、菱锰矿的鉴定特征

1. 组成矿物及化学成分

菱锰矿的化学成分为 $MnCO_3$，常含 Fe、Ca、Zn 等元素。

2. 结晶特点

菱锰矿属于三方晶系，通常呈块状、鲕状、肾状、土状等集合体。

图2-8-1　冰种红纹石

3. 光学性质

（1）颜色　Mn^{2+} 导致的粉红色，通常在粉红色底上有白色、灰色、褐色或黄色条带，也有红色与粉色相间的条带，透明晶体可呈深红色（图2-8-1、图2-8-2）。

（2）光泽及透明度　玻璃光泽，透明至不透明。

（3）光性　非均质集合体。

（4）折射率　折射率为 1.597 ~ 1.817（±0.003），通常点测为 1.60。

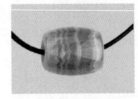

图2-8-2　红纹石桶珠

（5）发光性　长波紫外线下，呈无至中等的粉色荧光，短波紫外线下，呈无至弱的红色荧光。

（6）吸收光谱　在 410nm、450nm、540nm 处可见弱吸收带。

4. 力学性质

（1）解理　单晶具三组菱面体完全解理，集合体通常不可见。

（2）硬度　摩氏硬度为 3 ~ 5。

（3）密度　密度为 3.60（+0.10，-0.15）g/cm^3。

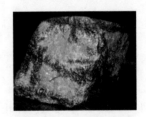

图2-8-3　块状蔷薇辉石

5. 放大检查

红纹石在放大观察时可见条带状或层纹状构造。

6. 菱锰矿与相似玉的鉴别

与菱锰矿颜色相似的玉石品种是蔷薇辉石（图2-8-3、图2-8-4），蔷薇辉石因其粉色如桃花，又称桃花石、桃花玉、粉翠、玫瑰石。菱锰矿与蔷薇辉石的具体鉴别方法见表2-8-1。

图2-8-4　蔷薇辉石印章

表 2 - 8 - 1　菱锰矿与蔷薇辉石的鉴别

宝石名称	Hm	RI	SG	结构	其他特征
菱锰矿	3 ~ 5	1.597 ~ 1.817	3.60	粒状结构；纹层状或花边状构造	颜色呈条带状分布
蔷薇辉石	5.5 ~ 6.6	1.733 ~ 1.747	3.50	细粒状结构；致密块状构造	没有条纹；具特征的半透明至不透明的粉红、红色或褐红到紫红色的外观，表面有一些黑色的斑点或纹理

二、　黑曜岩的鉴定特征

1. 组成矿物及化学成分

黑曜岩是一种天然玻璃，是酸性火山熔岩快速冷凝的产物。黑曜岩的主要化学成分为 SiO_2，其质量分数在 60% ~ 75% 之间。

2. 结晶特点

非晶质体。

3. 光学性质

（1）颜色　黑曜岩（图 2 - 8 - 5）可呈黑色、灰色、黄色、红色及褐色等，颜色可不均匀，常带有白色或其他杂色的斑块和条带，被称为"雪花黑曜岩"（图 2 - 8 - 6）。这是一种含斜长石聚斑状黑曜岩，主要矿物为隐晶及玻璃质，斑晶由白色斜长石组成，有少量钾长石。在黑色基底上分布有一朵朵如雪花般的白色斑块，因此而得名。

（2）光泽及透明度　玻璃光泽；黑色黑曜岩常不透明，其他颜色黑曜岩透明度不同，色调浅者透明度较好。

（3）光性　光性均质体。

（4）折射率　折射率为 1.490 （ +0.020， -0.010）。

（5）发光性　紫外线下无荧光。

（6）吸收光谱　无特征吸收光谱。

图 2 - 8 - 5　黑曜岩手串

4. 力学性质

（1）解理　解理不发育；断口呈贝壳状。

（2）硬度　摩氏硬度为 5 ~ 6。

（3）密度　密度为 2.30 ~ 2.50g/cm³。

5. 放大检查

晶体包体、似针状包体。

三、　舒纪石的鉴定特征

1. 矿物名称及化学成分

矿物名称为硅铁锂钠石，晶体化学式可写作(K，Na)(Na，Fe)₂(Li，Fe)$Si_{12}O_{30}$。

2. 结晶特点

舒纪石属六方晶系，多为致密块状集合体。

图 2 - 8 - 6　雪花
黑曜岩吊坠

3. 光学性质

(1) 颜色　常见红紫色、蓝紫色、少见粉红色，外观呈各种不透明的深浅紫与紫红色交织，有时甚至深至黑色（图2-8-7、图2-8-8）。

(2) 光泽及透明度　蜡状光泽至玻璃光泽；半透明至不透明。

(3) 光性　一轴晶，负光性。集合体光性不可测。

图2-8-7　舒纪石手排

(4) 折射率　折射率为1.607～1.610（+0.001，-0.002），点测为1.61，有时因其内部石英杂质会测到1.54。

(5) 发光性　短波下呈无至中等的蓝色荧光。

(6) 吸收光谱　550nm处有强吸收带，在411nm、419nm、437nm和445nm处有吸收线。

图2-8-8　舒纪石吊坠

4. 力学性质

(1) 解理　解理不发育；断口呈不平坦状。

(2) 硬度　摩氏硬度为5.5～6.5。

(3) 密度　密度为2.74（+0.05）g/cm^3。

5. 放大检查

浓艳的深紫色体色，金属般的光泽。

四、查罗石的鉴定特征

1. 组成矿物及化学成分

主要组成矿物是查罗石，也称紫硅碱钙石，另外可含有霓石、霓辉石、长石等。查罗石的晶体化学式可写作：$(K, Na)_5 (Ca, Ba, Sr)_8 (Si_6O_{15})_2 Si_4O_9 (OH, F) \cdot 11H_2O$。

2. 结晶特点

查罗石属单斜晶系，多呈块状集合体。具纤维状结构，可见紫色的纤维状查罗石常围绕灰白色斑点、斑块分布，偶见金黄色斑点及绿黑色、褐色斑点（图2-8-9）。

图2-8-9　查罗石吊坠

3. 光学性质

(1) 颜色　查罗石的颜色为浅紫至紫、蓝紫色，可带白色、黑色、褐色斑点（图2-8-10）。

(2) 光泽及透明度　蜡状光泽至玻璃光泽，局部可见丝绢状光泽，半透明至不透明。

(3) 光性　非均质集合体。

(4) 折射率　折射率为1.550～1.559（±0.002）。

(5) 发光性　长波紫外线下呈无至弱的斑块状红色荧光，短波紫外线下无荧光。

图2-8-10　查罗石手镯

(6) 吸收光谱　无特征吸收光谱。

4. 力学性质

(1) 解理　单晶可具有三组解理，集合体不显示解理。

(2) 硬度　摩氏硬度为5～6。

(3) 密度　密度为2.68（+0.10，-0.14）g/cm^3。

5. 放大检查

可见纤维状结构，常含色斑。

五、绿龙晶的鉴定特征

1. 组成矿物及化学成分

绿龙石的主要组成矿物是斜绿泥石，晶体化学式为 $(Mg，Fe，Al)_6(Si，Al)_4O_{10}(OH)_8$。

2. 结晶特点

多呈鳞片状至叶片状集合体。

图 2 - 8 - 11　绿龙晶手镯

3. 光学性质

（1）颜色　暗绿色、浅绿色、带灰色的绿色等，间或有白色螺旋状条纹（图 2 - 8 - 11、图 2 - 8 - 12）。

（2）光泽及透明度　丝绢光泽至玻璃光泽。

（3）光性　非均值集合体。

（4）折射率　点测常为 1.57。

4. 力学性质

（1）解理　集合体无解理。

（2）硬度　摩氏硬度为 2 ~ 2.5。

（3）密度　密度为 2.61 ~ 2.78g/cm³。

图 2 - 8 - 12　绿龙晶手串

任务实施

一、准备工作

1. 了解菱锰矿、黑曜岩、舒纪石、查罗石和绿龙晶的鉴定特征。

2. 菱锰矿、黑曜岩、舒纪石、查罗石、绿龙晶、蔷薇辉石标本及宝石鉴定仪器。

二、实施步骤

1. 小组讨论制定鉴定方案并明确任务分配。

2. 指导教师进行鉴定演示。

3. 小组成员对拿到手的鉴定标本进行鉴定练习，有疑问要随时提出。

4. 小组讨论完成分配到手的宝石的鉴定检测报告。

三、任务要求

1. 鉴定过程中要注意爱护仪器、管理好鉴定样品，不能丢失或混淆鉴定样品。

2. 主要鉴定过程要有照片或视频。

四、任务考核

表 2 - 8 - 2　菱锰矿、黑曜岩、舒纪石、查罗石、绿龙晶鉴定过程考核标准

考 核 内 容	权重	考 核 标 准
基本素养	20%	能充分利用自主资源学习；听从指挥，服从安排，能与同学积极合作，具有团队合作精神。服装整洁、不穿拖鞋

（续）

考 核 内 容		权重	考 核 标 准
鉴定过程 （40%）	1. 仪器操作与保护	30%	鉴定仪器操作规范，使用正确。使用时避免损伤仪器，避免丢失、损坏标本
	2. 团队合作	5%	团队任务分配合理，团队成员参与度高
	3. 时间控制	5%	鉴定用时要合理，尽量快而准确
鉴定结果		40%	鉴定数值准确，结果清晰，鉴定报告规范

五、 常见问题及指导

黑曜石是一种天然玻璃， 如何区分天然玻璃与人造玻璃？

天然玻璃的折射率值相对固定，而人造玻璃的折射率值可为 1.40 ~ 1.70，变化范围很大；天然玻璃的密度相对固定，而人造玻璃的密度随添加剂的改变而改变；放大检查时，在天然玻璃中可见晶体包体等。

六、 任务成果

简 明 检 验 报 告

NO.

样品原标名		样品	检验类别		委托检验
样品编号			接样地点		
检验要求		珠宝玉石检验	接样日期		年 月 日
委托单位		珠宝学院	检验小组		
检验依据		GB/T 16552 – 2010《珠宝玉石名称》、GB/T 16553 – 2010《珠宝玉石鉴定》			
检 验 项 目 汇 总 表	总质量（g）		其他特征		样品照片
	样品状态描述				
	颜色				
	光泽				
	折射率				
	双折射率				
	密度				
	紫外荧光	长波			
		短波			
	吸收光谱				
	光性特征				
	多色性				
	放大检查				
	其他检查				
	检验结论				

（续）

备 注	
批准：_____	检验单位签章：
审核：_____	
主检：_____	检验日期： 年 月 日

本报告仅对受检验样品负责，本报告复印、涂改、无签名无效。

知识拓展

表2-8-3 几种玉石的质量评价

评价内容	评 价 及 标 准
菱锰矿	以透明度高，无白色条纹，纯正浓艳的粉红色者为佳品
黑曜岩	最好的黑曜岩是圆珠两端显示彩色虹眼的彩虹黑曜岩
舒纪石	颜色上应以纯正的皇家紫为最佳，也就是深紫色。另外常见的还有蓝紫色、茄紫色等性价比高的品种。白色、褐色等杂色应越少越好
查罗石	优质查罗石要求颜色纯正，紫红色鲜艳、均匀、质地细腻，无肉眼可见的白色及褐色杂质，半透明，局部显示强的丝绢光泽，块度大
绿龙晶	以颜色深绿，配以银白的纤维，平均的反射出如鳞片般的光泽为上

职业资格考试练习题

一、是非题（是：Y，非：N）

1. 黑曜岩是一种人造玻璃。（   ）

2. 查罗石可以依据其特有的颜色、结构和光泽进行鉴别。（   ）

3. 绿龙晶是水晶的一个品种。（   ）

4. 绿龙晶是绿色查罗石。（   ）

5. 查罗石是一种产于俄罗斯的紫色玉石。（   ）

二、选择题

1. 市场上称为"红纹石"的是下列哪种矿物？（   ）

    A. 方铅矿　　　　　　B. 菱锰矿　　　　　　C. 菱锌矿　　　　　　D. 红色大理岩

2. 一粒浅红色微透明弧面型宝石，点测得其折射率为1.73，最可能是（   ）

    A. 菱锰矿　　　　　　B. 钙铝榴石　　　　　　C. 舒纪石　　　　　　D. 碧玺

三、问答题

结合本次课任务中的标本谈谈如何对他们进行质量评价。

‖项目三‖

常见有机宝石鉴定

案例导入

近日，南京的郑先生致电工商部门反映，自己在某购物平台购买了一条珍珠手链，网站上页面宣传是天然珍珠，售价580元。货到拆开检查，发现和网上的宣传有明显差异，怀疑收到的货是假珍珠。接着，郑先生通过专业检测，证实收到的货是假珍珠手链。他立即打电话给该平台客服人员要求进行退货，并给予一定补偿。该平台客服人员表示网站页面上所述的确为仿制珍珠，不同意退货。于是，郑先生投诉到当地工商部门，他有之前购买时的网页截图能够证明商家是在投诉之后修改了网页内容，而且商家修改之后数据库中肯定也会留痕。在工商部门的协助处理下，郑先生最终将手链退掉，并得到了商家的补偿。

很多消费者在购买宝石时都有过郑先生的这种经历，庆幸的是郑先生对珠宝知识有基本的了解，不至于最终被骗。这也为消费者敲响了警钟，最好到专业珠宝店或商场购买，要对准备购买的珠宝玉石的相关信息有所了解，要求商家出具珠宝玉石饰品的正规证书等。

目标提示

知识目标

1. 了解有机宝石的基本概念及特点。

2. 掌握各类有机宝石的基本性质。

3. 掌握有机宝石优化处理品及仿制品的基本特点。

能力目标

1. 能够从外观上基本鉴别有机宝石的种类。

2. 能够使用常规珠宝鉴定仪器鉴别有机宝石并给出鉴定检测报告。

3. 能够对各类有机宝石进行简单的质量评价。

素质目标

1. 养成珍惜、爱护标本及珠宝鉴定设备的习惯。

2. 培养学生诚信、严谨、认真、踏实的工作作风。

3. 培养学生的学习能力、沟通表达能力及团队协作能力。

教学手段

任务驱动、一体化、现场教学、分组教学

教学内容

任务1 珍珠的鉴定 →

任务提出

1. 以小组为单位，通过肉眼观察和仪器鉴定，完成珍珠的鉴定检测报告。
2. 通过肉眼观察和仪器鉴别将珍珠和珍珠仿制品相区别。
3. 通过肉眼观察和仪器鉴定将珍珠与染色珍珠相区别。

相关知识

一、珍珠的鉴定特征

1. 矿物组成与化学成分

珍珠中的矿物占95%以上为文石（$CaCO_3$），方解石（$CaCO_3$）极少（<5%）。

珍珠由无机成分、有机成分和水组成。无机成分主要是碳酸钙，还包含 Na、K、Mg、Mn 等微量元素，占珍珠总成分的82~91%；有机成分主要是 C、H 化合物，占总成分10%±；水占总成分的2%~4%。

2. 晶体形态与晶面特征

珍珠的形态一般有圆形类、椭圆形、水滴形、扁圆形和异形等（图3-1-1）。表面常具有沟纹、瘤刺、斑点等瑕疵。

珍珠中的无机成分碳酸钙主要以斜方晶系的文石出现，少数以三方晶系的方解石出现。有机成分为非晶体。

图3-1-1 椭圆形珠

3. 珍珠的结构

（1）珠核 天然珍珠的珠核是微生物或生物碎屑、沙砾、病灶等；养殖珍珠的珠核是人工植入物，如珠母小球或贝、蚌的外套膜。

（2）珍珠层 珍珠层是珍珠在生长或养殖过程中珠母贝分泌物在珠核或异物表面上形成的有机质和碳酸钙结晶质，呈同心层状或同心放射状结构（图3-1-2）。

4. 光学性质

（1）颜色 珍珠的颜色是体色、伴色和晕彩的综合结果（图3-1-3）。

A. 体色

图3-1-2 珍珠层的
同心环状结构

体色是珍珠本身对白光的选择性吸收而产生的颜色，也可以认为是珍珠具有的固定色调。根据珍珠的体色，珍珠的颜色可划分为如下5个系列：

1）白色系列：纯白色、奶白色、银白色、瓷白色等。

2）红色系列：粉红色、浅玫瑰色、浅紫色等。

3）深色系列：黑色、蓝黑（褐）色、灰黑色、褐黑色、铁灰色、古铜色等。

4）黄色系列：浅黄色、米黄色、金黄色、橙黄色、绿黄色等。

5）其他色系：青色、浅蓝色至蓝色、浅绿至绿色。

B. 伴色和晕彩

是漂浮在珍珠表面的一种或几种颜色，当形成的晕彩明显为一种颜色漂浮在养殖珍珠的体色上时，则为伴色。珍珠可能的伴色和晕彩有白色、粉红、玫瑰红、银白色或绿色等。

图 3-1-3　珍珠的颜色

（2）光泽及透明度　珍珠光泽（珍珠层越厚、表面越光滑，光泽越强）；大多数为不透明，少数半透明。

（3）光性　非均质集合体，多色性不可测。

（4）折射率及双折射率　折射率为 1.530～1.685，多为 1.53～1.56，双折率不可测。

（5）发光性　珍珠在紫外灯下呈无至强的浅蓝色、黄色、绿色、粉红色荧光。

5. 力学性质

（1）解理　无解理；不平坦状的断口。

（2）硬度　养殖珍珠的摩氏硬度为 2.5～4；天然珍珠的摩氏硬度为 2.5～4.5。

（3）密度　珍珠的密度随种类、产地的不同略有差异，大致范围为 2.60～2.85g/cm³。天然海水珍珠的密度为 2.61～2.85g/cm³；海水养殖珍珠的密度为 2.72～2.78g/cm³；天然淡水珍珠为 2.66～2.78g/cm³，很少超过 2.74g/cm³；淡水养殖珍珠的密度低于大多数天然淡水珍珠。

6. 放大检查

显微镜下可见平行线状、平行圈层状、不规则条纹状、旋涡状等花纹，类似地图上的等高线纹理，也有很光滑无条纹的。

7. 其他性质

珍珠遇酸起泡，加热燃烧变褐色，表面摩擦有砂感。

　知识卡片 3-1-1　珍珠的形成

天然珍珠的形成主要有以下两种情况：

一种是外来物侵入蚌壳内导致。外来物砂粒、昆虫、气泡等异物偶然侵入蚌壳内，蚌壳的外套膜受刺激后加快蠕动，并增加分泌珍珠质，企图排除异物。在蠕动过程中，外物与上皮细胞一起逐渐内陷到结缔组织内，形成珍珠囊，珍珠囊分泌珍珠质，沉积在外物上形成了珍珠。这样形成的珍珠是有核珍珠。

另一种是蚌壳内部存在病灶导致。外套膜表皮细胞组织的一部分因病变或受伤等原因，脱离原来的部位，进入结缔组织中，分裂增殖形成珍珠囊而形成珍珠。这样形成的珍珠是无核珍珠。

二、 珍珠的分类

珍珠的分类方法很多，主要简述以下几种（表 3-1-1）。

表 3-1-1 珍珠的分类

分类依据	具体类别	品 种 介 绍
按成因分	天然珍珠	是在贝类或蚌类等动物体内，不经人为因素自然分泌形成的珍珠，包括天然海水珍珠和天然淡水珍珠
	养殖珍珠	指人为在贝类或蚌类等软体动物体内插核或插片形成的珍珠
按水域环境分	海水珍珠	在海水中贝类生物体内形成的珍珠，包括天然和养殖珍珠
	淡水珍珠	在淡水中蚌类生物体内形成的珍珠，包括天然和养殖珍珠
按珍珠结构分	有核养殖珍珠	在人工手术时，植入蚌壳或其他材料作为珠核，附于其上生长而成的珍珠
	无核养殖珍珠	人工手术时，仅插入外套膜小片而成长的珍珠，中国淡水养殖珍珠多数属于无核养殖珍珠。一般来说，南洋珍珠、塔溪堤黑珍珠和日本海水珍珠是有核养殖珍珠
	纯珍珠质养殖珍珠	多次插核淡水养殖珍珠，综合利用了无核和有核珍珠养殖技术。最初插入外套膜小片得到无核养殖珍珠，然后以该珍珠为核，进行二次插核，反复进行多次插核，得到直径较大的珍珠
按产地分	南洋珍珠	主要产自南太平洋海域沿岸国家，如澳大利亚、菲律宾、塔希堤、泰国等。其中澳大利亚占总产量的50%以上。南洋珍珠生长在巨大的白蝶贝中，一般在 10 ~ 13mm，以形状好、瑕疵少、粒度大闻名于名贵的珍珠品种中。南洋珍珠主要为金色、银色、银白色等，最有价值的是金黄色
	塔希堤黑珍珠	因产于塔西堤岛而得名，也称黑色南洋珍珠，生长在黑蝶贝中，世界上优质黑珍珠主要来源于此地
	东洋珍珠	指日本海水珍珠
	中国珍珠	有南珠和北珠之分。南珠指我国南海北部湾海域（广西钦州、合浦、北海等地）、广东、海南所产的珍珠；北珠指我国黑龙江塞北出产的珍珠
	马纳尔珠	指产于斯里兰卡和印度之间的马纳尔海湾的珍珠。珍珠多呈 K 金色，还有独特的黄色、铁灰色、白色或奶白色伴有绿、蓝或紫色晕彩的珍珠
按形态分	圆形珠、椭圆形珠、异形珠、扁平珠、馒头珠、梨形珠、异形珠等	

三、 珍珠与仿珍珠的鉴别

人工仿珍珠一般用塑料、玻璃、贝壳等小球做核，外表镀上一层"珍珠精液"而制得。珍珠与仿珍珠的鉴别见表 3-1-2。

表 3-1-2 珍珠与仿珍珠的鉴别

名称	鉴别方法
珍珠	RI = 1.53 ~ 1.56；SG = 2.60 ~ 2.85；牙齿轻触有砂感；放大检查可见生长回旋纹；紫外灯下可见荧光
马约里卡珠（玻璃仿珍珠）	RI = 1.45；SG < 1.5，若用实心玻璃，SG = 2.85 ~ 3.18；显微镜下无珍珠的特征生长回旋纹，只有凹凸不平的边缘；光泽很强；光滑面上具明显的彩虹色；手摸有温感、滑感；用针在钻孔处挑拨，有成片脱落的现象；牙齿轻触有滑感
塑料仿珍珠	色泽单调呆板；大小均一；圆度好；钻孔处有凹痕；手感轻；有温感；用针挑，镀层成片剥落
贝壳仿珍珠	外观与海水养殖珍珠接近，硕大圆润、珍珠光泽极佳；放大检查没有珍珠表面特有的生长回旋纹，且可见类似鸡蛋壳表面的糙面；透射光下可见内核的平行条纹和附在其上的"珍珠层"薄膜

四、 珍珠与染色珍珠的鉴别

珍珠的染色属于处理，一般是将珍珠浸于某些特殊的化学溶液中上色。为了使染料能从珍珠层的间隙进入内部，可将珍珠事先钻孔，把燃料注入孔洞中，进行染色。所以，经过染色处理的珍珠多在珍珠孔处留下痕迹。

市场上最常见的染色珍珠是染色黑珍珠，一般用硝酸银染色，具体鉴别方法见表3-1-3。

表3-1-3　黑珍珠与染色黑珍珠的鉴别

鉴别方法	黑珍珠	染色黑珍珠
外观特征	带有轻微彩虹样闪光的深蓝黑色或带有青铜色调的黑色（非纯黑色）	纯黑色，颜色均一，光泽差，晕彩、伴色不自然
放大检查	表面光滑细腻，或具生长纹理	可见色斑，表面有沉淀物，表面珠层受腐蚀，可见腐蚀的痕迹、细微褶皱和不自然的斑点和粉末
紫外荧光	长波紫外灯下暗红棕、红色荧光	紫外灯下惰性或暗绿色荧光
丙酮擦拭	不掉色	掉色
刀刮粉末	白色粉末	黑色粉末

知识卡片3-1-2 /// 珍珠的保养

1. 不宜在日光下暴晒，不能与香水、油脂以及强酸、强碱等化学物质接触，以防止珍珠变暗、褪色。
2. 避免将珍珠与坚硬、粗糙的物质接触，尤其避免珍珠之间的摩擦、受压等，以保持珍珠完美的外形。
3. 佩戴珍珠宜选择天气凉爽、身上汗少的季节，不易穿粗糙衣物。进行剧烈运动或体力劳动时，最好将珍珠饰品取下。
4. 清洗珍珠饰物，可用清水或很稀的中性水洗液慢慢清洗，然后用很柔软的布擦去水迹，置于阴凉处，让其自干。
5. 珍珠最好每3年重新串一次，当然也要视穿戴的次数而定。

任务实施

一、 准备工作

1. 了解珍珠的鉴定特征。
2. 了解珍珠与珍珠仿制品、珍珠与染色珍珠的鉴别方法。
3. 珍珠、染色珍珠、珍珠仿制品等标本及宝石鉴定仪器。

二、 实施步骤

1. 小组讨论制定鉴定方案并明确任务分配。
2. 指导教师进行鉴定演示。

（宝石样品 – 是珍珠 – 是否染色？宝石样品 – 不是珍珠 – 珍珠仿制品）。

3. 小组成员对拿到手的鉴定标本进行鉴定练习，有疑问要随时提出。
4. 小组讨论完成分配到手的宝石的鉴定检测报告。

三、 任务要求

1. 鉴定过程中要注意爱护仪器、管理好鉴定样品，不能丢失或混淆鉴定样品。

2. 主要鉴定过程要有照片或视频。

四、 任务考核

表 3 - 1 - 4　珍珠的鉴定过程考核标准

考 核 内 容		权重	考 核 标 准
基本素养		20%	能充分利用自主资源学习；听从指挥，服从安排，能与同学积极合作，具有团队合作精神。服装整洁、不穿拖鞋
鉴定过程 （40%）	1. 仪器操作与保护	30%	鉴定仪器操作规范，使用正确。使用时避免损伤仪器，避免丢失、损坏标本
	2. 团队合作	5%	团队任务分配合理，团队成员参与度高
	3. 时间控制	5%	鉴定用时要合理，尽量快而准确
鉴定结果		40%	鉴定数值准确，结果清晰，鉴定报告规范

五、 常见问题及指导

1. 市场上见到的珍珠是养殖珍珠还是天然珍珠？ 养殖珍珠属于合成宝石吗？

市场上进行销售的珍珠基本都是养殖珍珠，养殖珍珠的养殖方法和天然珍珠的形成过程基本一致，因此养殖珍珠归属在天然有机宝石的类别中。

此外，根据 GB/T 16552 - 2010 珠宝玉石名称中的命名规则，天然有机宝石的命名规则为：直接使用天然有机宝石基本名称，无需加"天然"二字，"天然珍珠"、"天然海水珍珠"、"天然淡水珍珠"除外；养殖珍珠可简称为珍珠，海水养殖珍珠可简称为海水珍珠，淡水养殖珍珠可简称为淡水珍珠；产地不参与天然有机宝石命名。

2. 在鉴别珍珠时是否要测试珍珠的折射率？

一般情况下，在鉴别珍珠时很少测试珍珠的折射率。因为测定折射率的折射仪在使用过程中必须要使用少量的折射油，而折射油属于有毒有机溶剂，会损害有机宝石，因此珍珠、琥珀、珊瑚等有机宝石通常是不测折射率的。

六、 任务成果

简 明 检 验 报 告

NO.

样品原标名	样品	检验类别	委托检验
样品编号		接样地点	
检验要求	珠宝玉石检验	接样日期	年　月　日
委托单位	珠宝学院	检验小组	
检验依据	GB/T 16552 - 2010《珠宝玉石名称》、GB/T 16553 - 2010《珠宝玉石鉴定》		

（续）

检验项目汇总表	总质量（g）		其他特征		样品照片	
	样品状态描述					
	颜色					
	光泽					
	折射率					
	双折射率					
	密度					
	紫外荧光	长波				
		短波				
	吸收光谱					
	光性特征					
	多色性					
	放大检查					
	其他检查					
检验结论						
备　注						

批准：_____
审核：_____
主检：_____

检验单位签章：

检验日期：　年　月　日

本报告仅对受检验样品负责，本报告复印、涂改、无签名无效。

🔅 **知识拓展**

表 3 - 1 - 5　珍珠的质量评价

评价内容	评 价 及 标 准
颜色	各地的民俗、种族、爱好、文化背景和市场流行的需求不同，导致对珍珠颜色的爱好也不尽相同。一般而言，珍珠颜色的价差不会太大，颜色价值的权重也只占珍珠价值的10%至20%。玫瑰色、粉红色、黑色珍珠、黄色珍珠等价值相对都较高
形态	正圆形的走盘珠价值较高，某些形状奇特的异形珠因十分难得且时尚也受到人们的喜爱
大小	同等条件下（皮光、皮色、形状上），珍珠的直径越大，价值越高
光泽	优质珍珠表面应具有均匀的强珍珠光泽并带有彩虹般的晕色

（续）

评价内容	评 价 及 标 准
光洁度	瑕疵愈少品质愈好
主要产地	中国和日本（养殖珍珠主要产地）

职业资格考试练习题

一、是非题（是：Y，非：N）

1. 珍珠的主要成分为 $CaCO_3$。（   ）

2. 珍珠具有本体颜色和自色颜色两部分组成。（   ）

3. 常见海水养殖珍珠是有核的，而淡水养殖珍珠大都是无核珍珠。（   ）

4. 按成因可将珍珠分为天然海水珠和天然淡水珠。（   ）

5. 天然黑珍珠遇酸冒白泡。（   ）

二、选择题

1. 珍珠的珠光产生的原理是由于（   ）

    A. 内部电子跃迁   B. 光的散射   C. 光的干涉

2. 某珍珠的特征是白色，浑圆型，珍珠光泽，强光源照射可见条带效应，它是（   ）

    A. 天然珍珠   B. 海水养殖珍珠   C. 仿珍珠

3. 优质仿制珍珠是在圆核上面涂上多层的（   ）

    A. 珍珠精液   B. 银粉   C. 白瓷漆后制成的

4. 日本产的东珠定名为（   ）

    A. 东珠   B. 日本产珍珠   C. 珍珠

5. 珍珠的主要矿物成分是（   ）

    A. 磷灰石   B. 碳酸钙   C. 方解石

三、问答题

1. 简述染色珍珠的鉴别方法。

2. 结合本次课任务中的珍珠对珍珠进行质量评价。

任务 2　琥珀的鉴定 ➡

任务提出

1. 以小组为单位，通过肉眼观察和仪器鉴定，完成琥珀的鉴定检测报告。
2. 通过肉眼观察和仪器鉴定，完成琥珀和琥珀仿制品的鉴别。

相关知识

一、琥珀的鉴定特征

1. 组成成分与化学式

琥珀是由琥珀酸、琥珀树脂等有机物混合而成，晶体化学式可写作 $C_{10}H_{16}O$。

2. 晶体形态与晶面特征

琥珀为非晶质体，有各种不同的外形，如结核状、瘤状、水滴状、团块状等；产在砾石层中的琥珀一般呈圆形、椭圆形或有一定磨圆的不规则形，并可能有一层薄的不透明的皮膜。

3. 光学性质

(1) 颜色　常见浅黄色、黄至深褐色、橙色、红色、白色。

(2) 光泽及透明度　树脂光泽至玻璃光泽，未加工的原料一般为树脂光泽，有滑腻感，抛光后呈树脂光泽至玻璃光泽；透明至半透明，少数不透明。

(3) 光性　琥珀为均质体（非晶体），正交偏光镜下全消光，常见异常消光及彩色干涉色，局部因结晶而发亮。

(4) 折射率及双折射率　折射率为 1.540（+0.005，−0.001），无双折射率。

(5) 发光性　长波紫外线下可见弱至强的黄绿色至橙黄色、白色、蓝白或蓝色荧光，短波下荧光不明显。

4. 力学性质

(1) 解理　无解理；贝壳状断口；性脆易裂。

(2) 硬度　摩氏硬度为 2~2.5。

(3) 密度　琥珀的密度为 1.08（+0.02，−0.08）g/cm^3，是已知宝石中密度最低者。在淡水中下沉，在饱和食盐水（SG = 1.13）中漂浮。

5. 放大检查

可见气泡，动物、植物碎片，气液包体，旋涡纹、裂纹，其他充填的杂质等。

6. 其他性质

(1) 导电性　琥珀是电的绝缘体，与绒布摩擦能产生静电，可将细小的碎纸片吸起来。

(2) 导热性　琥珀的导热性差，有温感，加热至150℃时变软并开始分解，250℃时熔融，并产生白色蒸汽，发出松香味。

(3) 溶解性　易溶于硫酸和热硝酸中，部分溶解于酒精、汽油、乙醇和松节油中。没有固定的熔点，导热性差，接触时有温感。

二、 琥珀的品种

在商业中常根据琥珀的成因、产地及不同特征来命名琥珀。结合商业习惯称呼，琥珀的主要类型有血珀、金珀、蜜蜡、金绞蜜、香珀、虫珀、蓝珀、石珀等，另外还有灵珀、花珀、水珀、明珀、蜡珀、红松脂等其他类型。

1. 血珀

红色透明琥珀（图3-2-1），又称红珀，色红如血者为琥珀中的上品。

2. 金珀

金黄色至明黄色的透明琥珀（图3-2-2）。

3. 蜜蜡

半透明至不透明的琥珀（图3-2-3），可以呈现各种颜色，以金黄色、棕黄色、蛋黄色等黄色最为普遍，有蜡状感，光泽有蜡状至树脂光泽，也有呈玻璃光泽的。

图3-2-1 血珀　　　　　图3-2-2 缅甸金珀　　　　　图3-2-3 蜜蜡

4. 金绞蜜

透明的金珀与半透明的蜜蜡互相缠绞在一起形成的一种黄色的具缠搅状花纹的琥珀（图3-2-4）。

5. 香珀

具香味的琥珀（图3-2-5）。

6. 虫珀

包含有动物遗体的琥珀。其中，琥珀藏蜂、琥珀藏蚊、琥珀藏蝇等图案较珍贵（图3-2-6）。

图3-2-4 金绞蜜　　　　　图3-2-5 香珀　　　　　图3-2-6 虫珀

7. 石珀

有一定石化程度的琥珀，硬度比其他琥珀大，色黄而坚润（图3-2-7）。

8. 蓝珀

产于意大利的紫蓝至蓝色琥珀。产于多米尼加具有蓝色荧光的琥珀，市场上也称"蓝"琥珀，实际上其颜色为黄色至黄棕色（图3-2-8）。

9. 绿珀

绿色琥珀（图3-2-9），产于意大利西西里岛。

图3-2-7 石珀   图3-2-8 蓝珀   图3-2-9 绿珀

知识卡片3-2-1 //// **琥珀的主要产地及介绍**

1. 缅甸

树种为南洋杉；形成时间距今1亿年左右。形成时间最长，琥珀的颜色、内含物、品种、变种都远超其他品类的琥珀。缅甸琥珀质地最为坚硬，同产地没有柯巴树脂，浅层矿氧化程度较高。常见棕珀，可见血珀，深层矿常见金珀，可见根珀，全矿脉偶见蜜蜡，有虫珀、植物珀、水胆等特殊珀型。

2. 抚顺

树种为水杉、冷杉；形成时间距今4000万～6000万年。早期随煤矿开采时发现，后在抗日战争时期被大规模开采掠夺，随着东北重工业的发展煤矿被大量开采，抚顺琥珀资源基本耗尽，现偶存于中国辽宁抚顺西露天煤矿。抚顺琥珀中无柯巴树脂，石化比较完全。抚顺花珀在抚顺珀中最为出名，另有血珀、蜜蜡、虫珀、水胆等高品质琥珀，抚顺珀中还有仅抚顺特有的煤精珀。

3. 波罗的海

树种为松树；形成时间距今2500万～4000万年。整个波罗的海地区都有产出，以俄罗斯加里宁格勒产区产量最大。波罗的海琥珀存量占琥珀总量的90%，所产琥珀以蜜蜡居多（金绞和全蜜）。波罗的海琥珀分海飘料和矿料，矿料量远大于海飘料量。俄罗斯料（矿料）蜡质浓郁，其中白蜡（骨瓷白）十分出名，海飘料偶见。乌克兰（矿料）料氧化程度较高，皮质好蜡质差，常见红皮料和酥皮料（皮子过厚不建议购买）。波兰盛产海珀料，以优异的质量出名，矿料形状规整但蜡质不及俄料。丹麦料以花蜡闻名于世，但产量低于其他常见产区，皮质、蜡质好，形状规整，但价格虚高。

4. 多米尼加

树种为豆科孪叶苏木；形成时间距今2000万～3500万年。存量仅占琥珀总量的1%，原石多杂多裂，因石化时间不够部分产品无法被认定为琥珀。因出产净水蓝珀，多米尼加琥珀被称为琥珀之王。多米尼加琥珀只有金珀，但多多少少都有一定偏色性，或者偏蓝或者偏绿。在黑背景打光的情况下如果蓝如天空，便是天空蓝。按俄罗斯检测标准基本多米尼加琥珀都属于柯巴树脂，我国现行的琥珀检测使用的是以波罗的海琥珀为基准的标准，对于年龄较短的多米尼加会有部分被认定年份不够而无法取得琥珀的身份，只有部分到达3000万年的多米拿得到检测证书。多米尼加属于火山带国家，其琥珀内部常见火山灰，多米也有大量的虫珀及水胆。

5. 墨西哥

树种为豆科孪叶苏木；形成时间距今1500万～2500万年。比多米尼加琥珀时间更短，检测基本为柯巴树脂。金珀为主，偏色主要为绿色也有蓝色（不如多米蓝）。如要检测，只能定检产地，如果检测年代无法被认定为琥珀。墨西哥存量略大于多米尼加，但因品质远不如多米尼加，市场价格也不太高。

三、 琥珀与琥珀仿制品的鉴别

1. 压制蜜蜡 （二代蜜蜡）

因压制琥珀成本较高，目前国内压制法所作出来的成品基本都是二代蜜蜡。二代蜜蜡是用蜜蜡加工时的碎料、粉末，柯巴树脂或天然树脂加温融化后压制而成，由于和琥珀一样都是树脂类，加工完美选料精良的二代蜜蜡和真的几乎一模一样。现在市面号称中东蜜蜡、藏蜡、西亚蜜蜡的基本是二代压制蜜蜡加烤色的制品。二代蜜蜡在我国主要在连云港地区加工销售，二代蜜蜡与天然蜜蜡的鉴别方法如下：

（1）观察流淌纹　天然蜜蜡流淌时是顺着树干流淌的，有一定的运动轨迹和流畅连续性；二代蜜蜡的纹路是搅拌时形成的，纹路通常不够流畅或者完全杂乱无章（图3-2-10）。天然蜜蜡的流淌纹有清晰的边界，二代蜜蜡则没有。

（2）看气泡　天然蜜蜡里的气泡是圆的，二代蜜蜡的气泡是扁的。

（3）看紫外荧光　如果一块肉眼无杂的蜜蜡打紫外光后有很多蜜蜡内部的小杂质，基本就是二代蜜蜡压制品，另外二代压制蜜蜡的紫外荧光比天然的弱。

2. 柯巴树脂

柯巴树脂（图3-2-11）是没有完全硬化的琥珀的前身，再氧化1000万~2000万年以后才会变成琥珀。多米尼加和墨西哥的琥珀年龄为2500万~3500万年，按照国内检测标准（以波罗的海4000万~6000万年为标准）很多出不了证书。柯巴树脂的鉴别如下：

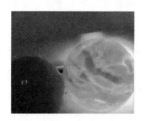 

图3-2-10　二代蜜蜡的搅拌纹　　　图3-2-11　印尼柯巴树脂原石

（1）看表皮　柯巴树脂大概有几百万到一千多万年的年龄，比较琥珀硬化程度不够，表面氧化时间不够，导致表皮疏松颜色浅。

（2）洗甲水（乙醚测试）　把洗甲水（有乙醚最好）涂到石头上，一搓发黏就是柯巴树脂，触觉好的人直接搓也有发黏的感觉；手搓以后味道也比正常琥珀重（白蜜除外）。

3. 塑料

塑料制品（图3-2-12）是国内仿制琥珀的主流产品，商家销售的琥珀如果珀珀有花有虫，那基本就八九不离十的是塑料制品。塑料制品的鉴别主要包括以下两点：

（1）看外观　塑料仿制品颜色均匀无色差，发闷，无流淌纹或流淌纹不明显。

（2）看紫外荧光　塑料制品是没有荧光反应，紫外光打在仿制琥珀上能看到的还是紫外光的紫色。

图3-2-12　塑料仿琥珀饰品

4. 马丽散

马丽散是一种低黏度，双组分合成高分子-聚亚胺胶脂材料，主要用于制作假的琥珀原石，马丽散有毒，不可盘玩。马丽散在各种珠宝展会，号称现场开石处多见，与琥珀天然原矿区别也较大。马丽散原石（图3-2-13）弹性强，从高处抛可以像乒乓球一样弹起来；色浅、块度大、规整、均匀。

图3-2-13　马丽散原石

知识卡片 3-2-2 //// **琥珀的保养**

1）琥珀蜜蜡的熔点低，易熔化，不要长时间置于太阳下或是暖炉边。蜜蜡易脱水，过于干燥易产生裂纹。同时，尽量避免强烈波动的温差。

2）虽说琥珀蜜蜡在海水里浸泡、在地层中埋藏千万年，但琥珀蜜蜡怕强酸和强碱。

3）琥珀蜜蜡属于有机宝石，尽量不要与酒精、汽油、煤油和含有酒精的指甲油、香水、发胶、杀虫剂、化妆品等等有机溶液接触，喷香水或发胶时请将蜜蜡首饰取下来。

4）琥珀蜜蜡的硬度极低，大概只有莫氏硬度2.5~3，换言之，比人类的指甲略硬一点而已，故而应避免摔砸和磕碰。存放时避免与钻石等其他高硬度宝石放在一起，以免被划伤，琥珀蜜蜡与硬物的摩擦会使表面出现毛糙，产生细痕。

5）不要用毛刷或牙刷等硬物清洗蜜蜡，更不可以使用磨砂颗粒的牙膏为琥珀蜜蜡去除污痕，可使用一些细腻的牙膏擦拭，起到抛光作用。

6）当琥珀蜜蜡染上灰尘和汗水后，可将它放入加有中性清洁剂的温水中浸泡，用手搓冲净，再用眼镜布之类的柔软布擦拭干净即可。

7）在清洗完琥珀蜜蜡饰品后，可用少许橄榄油或茶油轻拭琥珀蜜蜡的表面，帮助琥珀蜜蜡恢复光泽。切记不可用油过多，若是不小心用多了，一定要用软布将多余油渍沾掉。

8）不可使用超音速的首饰清洁机器去清洗琥珀蜜蜡，由于琥珀蜜蜡密度不够大，有可能会将琥珀蜜蜡洗碎。

9）对于琥珀蜜蜡来说，最好的保养方法是长期佩戴，经常把玩，人体油脂可使琥珀蜜蜡表面形成一层鲜亮的包浆，越带越光亮。

四、 琥珀的优化处理

1. 琥珀的优化

（1）压清 对不透明的琥珀加压加温，使内部气泡逸出变得透明。

（2）热处理 为增加透明度，将云雾状琥珀放入植物油中加热后变得更透明。过程中会产生叶状裂纹，通常称为"睡莲叶"或"太阳光芒"，这是由于小气泡受热膨胀爆裂而成。

（3）烤色 模仿琥珀的自然老化现象，加热产生深浅不一的棕红色。

2. 琥珀的处理

（1）染色处理 用染料将琥珀染成红色、绿色或其他颜色。鉴定特征是：放大检查，可见染料沿裂隙分布；用蘸有丙酮的棉签擦拭样品，样品可出现掉色。

（2）覆膜处理 底部覆色膜或表面喷亮漆。

（3）充填处理 用树脂充填琥珀的孔洞，显微镜下极易被发现，多伴随有充填过程中留下的气泡。

任务实施

一、 准备工作

1. 了解琥珀的鉴定特征。

2. 了解琥珀与琥珀仿制品的鉴别方法。

3. 琥珀、蜜蜡标本及宝石鉴定仪器。

二、 实施步骤

1. 小组讨论制定鉴定方案并明确任务分配。

2. 指导教师进行鉴定演示。

3. 小组成员对拿到手的鉴定标本进行鉴定练习，有疑问要随时提出。

4. 小组讨论完成分配到手的宝石的鉴定检测报告。

三、 任务要求

1. 鉴定过程中要注意爱护仪器、管理好鉴定样品，不能丢失或混淆鉴定样品。

2. 主要鉴定过程要有照片或视频。

四、 任务考核

表 3 - 2 - 1　琥珀的鉴定过程考核标准

考 核 内 容		权重	考 核 标 准
基本素养		20%	能充分利用自主资源学习；听从指挥，服从安排，能与同学积极合作，具有团队合作精神。服装整洁、不穿拖鞋
鉴定过程（40%）	1. 仪器操作与保护	30%	鉴定仪器操作规范，使用正确。使用时避免损伤仪器，避免丢失、损坏标本
	2. 团队合作	5%	团队任务分配合理，团队成员参与度高
	3. 时间控制	5%	鉴定用时要合理，尽量快而准确
鉴定结果		40%	鉴定数值准确，结果清晰，鉴定报告规范

五、 常见问题及指导

什么是琥珀火烧实验法？　可以在实训室用火烧的方法鉴别琥珀的真假吗？

火烧实验主要是根据琥珀燃烧之后所产生的气味来鉴别真假。其实一般普通的打火机就可以用做火烧实验所使用到的火源，在琥珀上停留 4～5s 后，就会发现若是柯巴树脂和天然琥珀粉压制合成后的琥珀在火烧后都会留下很明显的痕迹，就像是碎米皮一样。而真正的琥珀像波罗的海的琥珀在火烧后会散发出一阵阵淡淡的松香味，多米尼加琥珀则是很淡的一股清新，而若是我国的辽宁琥珀在散发出松香味的同时还会夹杂着一些炭烧的味道，此外用琥珀粉压制合成后的琥珀在火烧后会在松香味中混有些许的化学味道。火烧实验会对琥珀产生一定的破坏性，所以在实训室不要用此方法对其标本进行鉴别。

六、 任务成果

简 明 检 验 报 告

NO.

样品原标名	样品	检验类别	委托检验	
样品编号		接样地点		
检验要求	珠宝玉石检验	接样日期	年　月　日	
委托单位	珠宝学院	检验小组		
检验依据	GB/T 16552 - 2010《珠宝玉石名称》、GB/T 16553 - 2010《珠宝玉石鉴定》			

（续）

总质量（g）			其他特征		样品照片	
检验项目汇总表	样品状态描述					
	颜色					
	光泽					
	折射率					
	双折射率					
	密度					
	紫外荧光	长波				
		短波				
	吸收光谱					
	光性特征					
	多色性					
	放大检查					
	其他检查					
检验结论						
备　注						
批准：_____	检验单位签章：					
审核：_____						
主检：_____			检验日期：　　　年　月　日			

本报告仅对受检验样品负责，本报告复印、涂改、无签名无效。

知识拓展

表3-2-2　琥珀的质量评价

评价内容	评价及标准
颜色	要求浓郁、纯正，以透明红色琥珀价值最高，黄色最常见
透明度	要求洁净无裂纹，越透明越好，以晶莹剔透者为上品，半透明至不透明者次之
块度	一般要求具有一定块度，且越大越好
内含物	琥珀中可含许多动植物及其碎片，以含昆虫者最好。视所含昆虫的完整程度、清晰程度、形态大小和数量决定虫珀的价格
主要产地	波兰、德国、丹麦、美国、加拿大、俄罗斯、缅甸、伊朗等国。中国的琥珀主要产于辽宁抚顺，另外河南、云南、福建也有琥珀产出

职业资格考试练习题

一、是非题（是：Y，非：N）

1. 琥珀是针叶树木的树脂松香石化形成的。（   ）

2. 琥珀为非晶质体，抛光好的可有玻璃光泽。（   ）

3. "太阳光芒"和睡莲状放射裂纹都是天然琥珀特有的包裹体。（   ）

4. 琥珀具有热学性质，其导热性好，触摸有温感。（   ）

5. 琥珀可与煤矿伴生，我国的琥珀主要产于抚顺煤田。（   ）

6. 蜜蜡是金黄色、棕黄色的半透明的琥珀。（   ）

二、选择题

1. 某黄色微透明材料，比重是1.08，折射率近1.54，在饱和盐溶液中不下沉，用乙醚作用不变粘，它应该是（   ）

    A. 琥珀   B. 塑料   C. 硬树脂

2. 区分琥珀和柯巴树脂原材料的有效方法是（   ）

    A. 热针接触样品可闻到树脂的芳香味

    B. 热针接触样品，硬树脂比琥珀更易熔化

    C. 琥珀的密度比硬树脂的大

3. 琥珀与仿琥珀的塑料可用以下手段准确区分（   ）

    A. 测密度   B. 测折射仪   C. 乙醚实验和热针反应

4. 琥珀在饱和食盐水溶液中（   ）

    A. 漂浮   B. 悬浮   C. 下沉

5. 琥珀热处理特征包体为（   ）

    A. 气泡呈扁平拉长状定向排列 B. 变为半可切性   C. 太阳光芒

三、问答题

1. 琥珀和蜜蜡有什么区别？

2. 请分别说明中国抚顺琥珀、缅甸琥珀、波罗的海琥珀、多米尼加琥珀有什么特点？

3. 压制琥珀和天然琥珀有什么区别？

任务3 珊瑚的鉴定 →

任务提出

1. 以小组为单位，通过肉眼观察和仪器鉴定，完成珊瑚的鉴定检测报告。
2. 通过肉眼观察和仪器鉴定将珊瑚与珊瑚仿制品相区别。

相关知识

一、 珊瑚的鉴定特征

1. 化学成分与矿物组成

珊瑚按成分不同，可分为钙质珊瑚和角质珊瑚。钙质珊瑚的成分主要由无机成分（$CaCO_3$）、有机成分和水组成，另含有少量的碳酸镁、硫酸钙和氧化铁等；角质型的黑珊瑚和金珊瑚几乎全部由有机质组成，很少或不含碳酸钙。

钙质珊瑚的组成矿物主要是方解石和文石，白珊瑚中以文石为主，有少量方解石；而红珊瑚则以方解石为主。

2. 晶体形态与晶面特征

珊瑚的外形多呈树枝状、星状、蜂窝状等。肉眼观察呈树枝状的珊瑚，枝体上有寄生虫的巢穴（小而浅的圆形凹坑），这是个体珊瑚虫的生长部位。枝体上有平行的纵条纹（图3-3-1），横切面上可见同心圆状及放射状纹（图3-3-2），由颜色深浅不同的色圈组成，有些珊瑚的横切面上还可见白芯。

图3-3-1 树枝状珊瑚

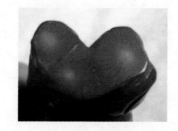

图3-3-2 珊瑚横切面同心圆状结构

3. 光学性质

（1）颜色 钙质珊瑚的常见颜色为深红色、桃红色、白色为主，偶见蓝色和紫色。角质珊瑚的颜色一般为深棕色至黑色。

（2）光泽及透明度 蜡状光泽，抛光面为玻璃光泽；微透明至不透明。

（3）光性 钙质珊瑚为非均质集合体；角质珊瑚为非晶质体。

（4）折射率及双折射率 钙质珊瑚的折射率为1.486 ~ 1.658，集合体双折率不可测；角质珊瑚的折射率为1.560（+0.020，−0.010）。

（5）多色性　无多色性。

（6）发光性　在长、短波紫外线下钙质珊瑚无荧光或具弱的白色、蓝白色、红色荧光；角质珊瑚无荧光。

（7）吸收光谱　无特征。

4. 力学性质

（1）解理　无解理；钙质珊瑚断口呈参差状至裂片状，角质珊瑚断口呈贝壳状至参差状。

（2）硬度　钙质珊瑚摩氏硬度为3~4；角质珊瑚摩氏硬度为2~3。

（3）密度　钙质型珊瑚密度为2.60~2.70g/cm³，通常为2.65 g/cm³；角质型珊瑚密度为1.30~1.50g/cm³，通常为1.35 g/cm³。

5. 其他性质

钙质珊瑚遇盐酸起泡，角质珊瑚遇酸不起泡，但加热可有蛋白质烧焦的气味。

6. 放大检查

钙质珊瑚纵截面上可见表现为颜色和透明度稍有变化的平行波状条纹；横截面上呈放射状、同心圆状结构；表面可见小的珊瑚虫孔。角质珊瑚中黑珊瑚和金珊瑚横截面显示同心圆生长结构，与树木年轮相似（图3-3-3），纵向分布平行纹理，表面还可见小丘疹突起的现象（图3-3-4）。

图3-3-3　黑珊瑚横截面同心圆生长结构　　　图3-3-4　黑珊瑚表面小丘疹状突起

二、珊瑚的分类

1. 按组成成分划分

（1）钙质型珊瑚　主要由碳酸钙组成，含有少量有机质，是常见的宝石级珊瑚。主要包括红珊瑚、白珊瑚、蓝珊瑚。

（2）角质型珊瑚　主要由有机质组成，主要包括黑珊瑚和金珊瑚。

2. 按颜色划分

（1）红珊瑚　又称贵珊瑚，浅至暗色调的红至橙红色，有时呈鲜红色。主要分布于太平洋海域，我国台湾是当代红珊瑚的最主要产地。

（2）白珊瑚　白色、灰白、乳白、瓷白色的珊瑚，大多用作盆景工艺制作。

（3）蓝珊瑚　呈浅蓝至蓝色的珊瑚。主要产于我国台湾和日本。

（4）黑珊瑚　灰黑至黑色的角质型珊瑚，几乎全由有机质组成，价值极高，高大者可呈珊瑚树。主要产于非洲和夏威夷。

（5）金珊瑚　金黄色、黄褐色的角质型珊瑚。外表有清晰的斑点，主要产于夏威夷。

知识卡片 3-3-1 //// 三种常见的红珊瑚

1. 阿卡（aka）

阿卡珊瑚常见为不同浓度的红色，包括橘红、朱红、正红、深红、黑红，红色越深越贵。颜色均匀、有白芯。具有玻璃一样微透的质感和质地，看上去如晶莹微透的感觉。珊瑚特有的指纹状纹路，在阿卡珊瑚表面，并不能很清晰地看出。阿卡的主要产区在日本，少部分产于我国台湾。

2. 沙丁

沙丁珊瑚的品质及色泽类似"阿卡"，因为没有白芯，是做圆珠的最佳材料。与阿卡相比，沙丁珊瑚质地比较死，没有阿卡的透感，不像阿卡珊瑚那么质地鲜活；此外，沙丁珊瑚密度比阿卡低，佩戴时间久了容易褪去原有的光泽；与阿卡相比，沙丁珊瑚更容易看到表面粗大的珊瑚指纹状纹路；且沙丁珊瑚产量高于阿卡，因此价值要低于阿卡珊瑚。沙丁珊瑚产于欧洲地中海撒丁岛附近的海域，主要产于意大利，所以也有将沙丁称为"意大利珊瑚"。

3. 么么（momo）

么么珊瑚的颜色跨度很大，常见白色、浅粉、粉色、橘粉、桃粉、橘红、桃红、朱红、正红。总体来说 momo 珊瑚的颜色还是以浅色系的红色居多，能达到阿卡一样红度的朱红、深么么珊瑚并不多见。momo 是类似瓷器一样的瓷实质地，和阿卡珊瑚比，珊瑚表面特有的指纹状纹路要清晰一些，与阿卡相同之处是都有白芯。

三、红珊瑚与其仿制品的鉴别

市面上的珊瑚饰品以红珊瑚为主，红珊瑚的仿制品主要有吉尔森红珊瑚、染色骨制品、染色大理岩、红色塑料与红色玻璃。吉尔森珊瑚是用方解石粉末加上少量染料在高温、高压下黏制而成的一种材料，染色骨制品是常见的珊瑚仿制品，市场上一般为牛骨、驼骨等动物骨头染色或涂层后仿珊瑚。红珊瑚与其仿制品的鉴别方法见表 3-3-1。

表 3-3-1 红珊瑚与仿制品的鉴别

名 称	主 要 鉴 别 特 征
红珊瑚	红色生动有层次，颜色由内而外由浅至深；明亮的蜡质光泽；横切面可见放射状、同心圆结构；纵切面具连续的波状纹理；有时可见白心、白斑等；性脆，断口相对平坦；与稀酸反应，反应后的溶液呈白色；叩之声音清脆悦耳
吉尔森珊瑚	颜色均匀；放大检查可见粒状结构；SG = 2.45，比珊瑚密度低
染色骨制品	颜色表里不一，涂层者表面会有脱落，钻孔处为白色；放大检查可见孔状结构；表面有断续的平直纹理；性韧，断口呈参差不齐的锯齿状；与酸不反应；叩之声音沉闷
染色大理岩	不具有珊瑚的外观特征和结构构造；呈粒状结构；颜色分布于颗粒边缘或裂隙之间；用蘸有丙酮的棉签擦拭时，棉签会被染色；遇酸起反应，反应后的溶液呈红色
红色塑料	不具有珊瑚的外观特征及特殊结构；常显示使用模具留下的痕迹；SG = 1.05～1.55；常见气泡；表面不平整；热针探测有辛辣味；遇酸不反应
红色玻璃	颜色均匀；不具有珊瑚的外观特征及特殊结构；明显的玻璃光泽；贝壳状断口发育；表面有时可见气孔；摩氏硬度高于珊瑚；遇酸不反应

四、珊瑚的优化处理

1. 漂白优化

去除表面杂色，深色变浅，通常用过氧化氢漂白以改善颜色和外观，不易检测。

2. 浸蜡优化

改善外观，热针探测可熔化蜡。

3. 染色处理

通常将白色珊瑚浸泡在红色或其他颜色染料中。染色珊瑚颜色不自然，色料沉积，容易褪色或失去光泽。

4. 充填处理

用环氧树脂或似胶质物质充填多孔质的珊瑚，经充填处理的珊瑚，其密度低于天然珊瑚，热针探测可见填充物熔化。

5. 覆膜处理

对质地松散和光泽差的角质珊瑚，以改善外观和提高耐久性。放大检查钻孔处可见膜层脱落和气泡，光泽较强，丘疹状突起平缓，用丙酮擦拭有掉色的现象。紫外灯下可见白垩状异常荧光。

知识卡片 3-3-2 //// **珊瑚首饰的保养**

1. 夏季佩戴珊瑚时，因出汗较多，尽量每天晚上用清水冲洗红珊瑚首饰，把上面的汗液清洗掉，以免珊瑚与汗水起化学反应出现白色氧化钙。清洗后用软布擦干，涂上婴儿油即可，每隔一段时间，将红珊瑚放在盛有婴儿油的塑封袋里，浸泡一晚，用软布擦干，可使其恢复红色和光泽。
2. 在佩戴珊瑚饰品时要注意避免重击、碰撞、以免珊瑚脱落损坏；避免将珊瑚饰品接触化学物品、酸、碱性液体及香水等。

任务实施

一、 准备工作

1. 了解天然珊瑚的鉴定特征。
2. 了解红珊瑚与其仿制品的区别。
3. 珊瑚、珊瑚仿制品及宝石鉴定仪器。

二、 实施步骤

1. 小组讨论制订鉴定方案并明确任务分配。
2. 指导教师进行鉴定演示。
3. 小组成员对拿到手的鉴定标本进行鉴定练习，有疑问要随时提出。
4. 小组讨论完成分配到手的宝石的鉴定检测报告。

三、 任务要求

1. 鉴定过程中要注意爱护仪器、管理好鉴定样品，不能丢失或混淆鉴定样品。
2. 主要鉴定过程要有照片或视频。

四、 任务考核

表 3-3-2 珊瑚的鉴定过程考核标准

考 核 内 容	权重	考 核 标 准
基本素养	20%	能充分利用自主资源学习；听从指挥，服从安排，能与同学积极合作，具有团队合作精神。服装整洁、不穿拖鞋

（续）

考 核 内 容		权重	考 核 标 准
鉴定过程（40%）	1. 仪器操作与保护	30%	鉴定仪器操作规范，使用正确。使用时避免损伤仪器，避免丢失、损坏标本
	2. 团队合作	5%	团队任务分配合理，团队成员参与度高
	3. 时间控制	5%	鉴定用时要合理，尽量快而准确
鉴定结果		40%	鉴定数值准确，结果清晰，鉴定报告规范

五、 常见问题及指导

1. 有人说， 真品红珊瑚一定没有白芯。 这说法对吗？

这种说法不正确。阿卡珊瑚和 momo 珊瑚都有白芯，所以阿卡红珊瑚只会做成蛋面，和球面，用来镶戒指和做吊坠，要不就是镶原枝，一般不会做成珠子。

2. 有人说， 用酒精擦拭染色珊瑚的表面一定会掉色。 这说法对吗？

这种说法不正确。现在的染色技术非常好，染色珊瑚很难鉴别。用酒精浸泡染色红珊瑚一天一夜也可能没有掉色，甚至用 84 消毒液也不会掉色。甚至把假珊瑚砸开看里面，也是红的，可见现在的染色技术有多好。

六、 任务成果

简 明 检 验 报 告

NO.

样品原标名		样品	检验类别		委托检验
样品编号			接样地点		
检验要求		珠宝玉石检验	接样日期		年 月 日
委托单位		珠宝学院	检验小组		
检验依据		GB/T 16552－2010《珠宝玉石名称》、GB/T 16553－2010《珠宝玉石鉴定》			
检验项目汇总表	总质量（g）		其他特征		样品照片
	样品状态描述				
	颜色				
	光泽				
	折射率				
	双折射率				
	密度				
	紫外荧光	长波			
		短波			
	吸收光谱				
	光性特征				
	多色性				
	放大检查				
	其他检查				

（续）

检验结论	
备　注	
批准：_____	检验单位签章：
审核：_____	
主检：_____	检验日期：　　年　月　日

本报告仅对受检验样品负责，本报告复印、涂改、无签名无效。

知识拓展

表3-3-3　珊瑚的质量评价

评价内容	评　价　及　标　准
颜色	要求纯正而鲜艳、以红色为最佳，红色质量排列顺序为鲜红色、红色、暗红色、玫瑰红色、橙红色。白色以纯白色为好。角质珊瑚中黑珊瑚、金黄色珊瑚因产出稀少而名贵
块度	要求越大越好，高大者可做雕刻佳品，小者做小件首饰
质地	质地致密坚韧，无瑕疵者为好。多孔、多裂纹者价值最低
加工工艺	珊瑚具有独特的外观形态，设计时根据自然形态进行巧妙的构思和创意，除造型美观外，评价时还要看雕刻工艺的精细程度
主要产地	珊瑚最重要的产地是日本和中国台湾，中国台湾产出的珊瑚年产量占世界总产量的60%。其他国家还包括意大利、阿尔及利亚、西班牙、法国等

职业资格考试练习题

一、是非题（是：Y，非：N）

1. 吉尔森珊瑚是因珊瑚产地而得名的。（　　　）

2. 红珊瑚、金珊瑚、白珊瑚都是钙质型珊瑚。（　　　）

3. 珍珠与钙质珊瑚的主要成分均为碳酸钙。（　　　）

4. 钙质珊瑚的折射率和密度均比角质珊瑚高。（　　　）

5. 珊瑚按成分可分为钙质型珊瑚和角质型珊瑚。（　　　）

二、选择题

1. 区分粉红色珊瑚珠与仿珊瑚珠要靠（　　　）。

　　A. 表面结构特征　　　　　　B. 光泽　　　　　　　　C. 晕彩

2. 珊瑚呈树枝状分布，其横截面上的特征为（　　　）。

　　A. 斜纹　　　　　　　　　　B. 孔洞　　　　　　　　C. 同心圆状

3. 钙质型珊瑚的密度一般为（　　　）g/cm^3。

　　A. 2.55　　　　　　　　　　B. 2.65　　　　　　　　C. 2.75

三、问答题

1. 简述珊瑚的鉴定要点。

2. 简述珊瑚的保养方法。

任务4 其他有机宝石的鉴定 →

任务提出

以小组为单位，通过肉眼观察和仪器鉴定，完成贝壳、象牙、龟甲的鉴定检测报告。

相关知识

一、 贝壳的鉴定特征

1. 化学成分与矿物组成

贝壳的化学成分与珍珠接近，主要由90%以上无机成分（文石为主，方解石为次）、10%左右的有机成分和少量水（<1%）组成。

2. 结晶学特征

无机成分为非均质集合体，有机成分为非晶质体。

3. 光学性质

（1）颜色　贝壳的颜色丰富多彩，一般为白、灰、棕、黄、粉等色，表面因内部珍珠层对光的反射、干涉可形成玫瑰色、蓝色、绿色等晕彩。

（2）光泽及透明度　油脂光泽至珍珠光泽，贝壳的壳皮暗淡无光，内层的珍珠层可显现珍珠光泽或火焰状虹彩；半透明至不透明。

（3）光性　非均质集合体。

（4）折射率及双折射率　折射率为1.530～1.685，双折射率为0.155，集合体双折率不可测。

（5）多色性　无多色性。

（6）发光性　紫外荧光变化大，因贝壳种类而异。

（7）吸收光谱　无特征。

4. 力学性质

（1）解理　无解理；不平坦状或锯齿状断口。

（2）硬度　摩氏硬度为3～4。

（3）密度　贝壳的密度为2.86（+0.03，-0.16）g/cm^3。

5. 放大检查

可见贝壳具层状结构、表面叠复层结构、"火焰状"结构等。

6. 贝壳的品种

（1）海产双壳类贝壳　马氏贝壳、白蝶贝壳、黑蝶贝壳、砗磲贝壳等。

（2）海产腹足类贝壳　海螺壳、鲍鱼贝壳。

（3）淡水产双壳类贝壳　三角帆蚌壳、褶纹冠蚌壳、背瘤丽蚌壳。

知识卡片 3-4-1 //// **砗磲**

1. 定义

砗磲也叫车渠，因为表面有渠垄如车轮之辙所以得名。是软体动物门双壳纲的海洋动物，共有 1 科 1 属 9 种，是海洋中最大的双壳贝类，直径最大者可达近 2m，重量达到 300kg 以上，被称为"贝王"。主要分布于印度洋和西太平洋的一带。

2. 分类

（1）未玉化砗磲

1）白砗磲：像牛奶一样的白色，不透明，是所有砗磲品种类量最大、最便宜的。硬度低、易碎。

2）金丝砗磲：带金色丝状或斑状颜色的砗磲（图 3-4-1）。

（2）玉化砗磲　指砗磲活体生命殆尽之后，其壳质在海底中被泥沙掩埋、沉淀成千上万年后形成的化石，其中小部分质地具有玉石的光泽和质感，因此被称为玉化砗磲。砗磲化石切片，其中最厚的部分才有机会出现玉化材料。玉化砗磲可分为无色玉化砗磲（图 3-4-2）、黄金砗磲（图 3-4-3）、紫砗磲（图 3-4-3）、血砗磲。

图 3-4-1　金丝砗磲

图 3-4-2　无色玉化砗磲

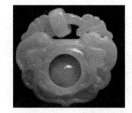

图 3-4-3　黄金砗磲

图 3-4-4　紫砗磲

二、龟甲的鉴定特征

1. 化学成分和物质组成

龟甲由角质和骨质组成，主要成分为复杂的蛋白质，大约含 17 种氨基酸。

2. 光学性质

（1）颜色　底色为黄褐色，其上可有暗褐色、黑色或绿色斑点。

（2）光泽及透明度　油脂光泽至蜡状光泽；亚透明至半透明。

（3）光性　龟甲为非晶质体。

（4）折射率及双折射率　折射率为 1.550（±0.010），无双折射率。

（5）发光性　紫外灯长、短波下龟甲中的无色、黄色部分发蓝白色荧光。

（6）吸收光谱　无特征。

3. 力学性质

（1）解理　无解理；不平坦至裂片状断口；韧性好。

（2）密度　密度为 1.29（+0.06，-0.03）g/cm³。

（3）硬度　摩氏硬度为 2~3。

4. 其他性质

（1）可溶性　龟甲可溶于硝酸，但不与盐酸反应。

（2）热效应　热针能使龟甲熔化，发出头发烧焦味。沸水中龟甲会变软，高温颜色会变暗。龟甲还具有热塑性，加热可折弯。

（3）可切性。

5. 放大检查

具有美丽不规则的斑点，多呈褐色、黄色、黄褐色相混杂，在显微镜下观察，可见其色斑由许多红色圆形色素小点组成，是鉴定玳瑁的主要特征。

6. 龟甲与塑料的鉴别

龟甲最常见的仿制品为塑料（RI = 1.46 ~ 1.70，SG = 1.05 ~ 1.55），与龟甲的区别是：

（1）结构　在显微镜下，龟甲有大量微小的球形色素组成的色斑。颜色越深，色点越密集。而塑料内部显示气泡、流线，外观具有橘皮效应、浑圆状刻面棱线等特征。

（2）热针探测　龟甲发出蛋白质烧焦的气味，而塑料发出辛辣味。

（3）与酸反应　龟甲会被硝酸侵蚀，塑料仿制品与酸不反应。

三、象牙的鉴定特征

1. 化学成分与矿物组成

象牙由无机成分（65%）和有机成分（35%）两部分组成；无机成分主要是磷灰石，有机成分主要是胶质蛋白和弹性蛋白。

2. 常见形态与截面特征

象牙一般呈弧形弯曲的角状，几乎一半是中空的。每只象牙平均重 6.75kg，长为 1.5 ~ 2.0m，但现代象牙由于生长时间短，一般长 60 ~ 70cm。

象牙的根截面多呈圆形、近圆形、浑圆形，具有特征的勒兹纹理线。具体表现为由两组呈十字交叉状的纹理线以大于 115°或小于 65°角相交组成的菱形图案（图 3 - 4 - 5）。象牙在纵切面上为不同奶白色调的直线，呈现近于平行的波纹线（图 3 - 4 - 6）。

图 3 - 4 - 5　象牙的勒兹纹理线　　　图 3 - 4 - 6　纵切面波纹线

3. 光学性质

（1）颜色　象牙新鲜时呈白色、奶白色、瓷白色，陈旧后多为浅黄白色、淡黄色，黄色、浅褐黄色等。象牙随着时间的变化颜色变暗。

（2）光泽和透明度　油脂光泽至蜡状光泽；微透明至不透明。

（3）光性　象牙无机部分无非均质集合体，有机部分为非晶质体，正交偏光镜下无消光位。

（4）折射率及双折射率　折射率为 1.54（点测），无双折射率。

（5）发光性　紫外灯下呈弱至强的蓝白色荧光或紫蓝色荧光，且长波稍强。

4. 力学性质

（1）解理　无解理；参差状断口；韧性极好。

（2）硬度　摩氏硬度2～3。

（3）密度　密度为1.85（±0.05）g/cm³。

5. 其他性质

象牙短时间浸于硝酸、磷酸中，不会褪色，但能使象牙变软，长时间用酸浸泡，象牙会有分解的危险。

6. 放大检查

可见横截面成特征的勒兹纹理线，纵截面呈波状纹。

7. 象牙的品种

象牙有广义和狭义两种，广义的象牙包括象牙在内的某些哺乳动物的牙齿，如猛犸、河马、海象、疣猪牙、一角鲸鱼等。狭义的象牙专指大象的长牙和牙齿，有非洲象牙和亚洲象牙之分。

（1）非洲象牙　指非洲象的长牙和小牙。有白色、绿色等颜色，质地细腻。

（2）亚洲象牙　指亚洲象的长牙，颜色多为纯白色，少见淡玫瑰白色，但质地较疏松柔软，容易变黄。

8. 象牙的优化处理

（1）漂白（优化）　将变黄的象牙浸泡于过氧化氢（H_2O_2）等溶液中进行漂白，可以使其颜色变浅或去除色斑，以达到提高象牙档次和价值的目的。漂白后的象牙，颜色稳定，不易检测。

（2）浸蜡（优化）　可增强象牙光泽，鉴定时可见象牙表面具有蜡感，热针探测可见蜡融化。

（3）染色处理　放大检查可见颜色富集或色斑。

任务实施

一、准备工作

1. 了解有机宝石（贝壳、龟甲、象牙）的鉴定特征。

2. 贝壳、龟甲、象牙等宝石标本及宝石鉴定仪器。

二、实施步骤

1. 小组讨论制订鉴定方案并明确任务分配。

2. 指导教师进行鉴定演示。

3. 小组成员对拿到手的鉴定标本进行鉴定练习，有疑问要随时提出。

4. 小组讨论完成分配到手的宝石的鉴定检测报告。

三、任务要求

1. 鉴定过程中要注意爱护仪器、管理好鉴定样品，不能丢失或混淆鉴定样品。

2. 主要鉴定过程要有照片或视频。

四、 任务考核

表3-4-1 贝壳、龟甲、象牙的鉴定过程考核标准

考 核 内 容		权重	考 核 标 准
基本素养		20%	能充分利用自主资源学习；听从指挥，服从安排，能与同学积极合作，具有团队合作精神。服装整洁、不穿拖鞋
鉴定过程（40%）	1. 仪器操作与保护	30%	鉴定仪器操作规范，使用正确。使用时避免损伤仪器，避免丢失、损坏标本
	2. 团队合作	5%	团队任务分配合理，团队成员参与度高
	3. 时间控制	5%	鉴定用时要合理，尽量快而准确
鉴定结果		40%	鉴定数值准确，结果清晰，鉴定报告规范

五、 常见问题及指导

鉴定象牙时， 为什么看不见勒兹纹理线?

纹路不清楚不一定就不是真象牙，是因为竖切的关系。假如横切就有网格纹了。

六、 任务成果

简 明 检 验 报 告

NO.

样品原标名	样品	检验类别	委托检验
样品编号		接样地点	
检验要求	珠宝玉石检验	接样日期	年 月 日
委托单位	珠宝学院	检验小组	
检验依据	GB/T 16552-2010《珠宝玉石名称》、GB/T 16553-2010《珠宝玉石鉴定》		

检验项目汇总表	总质量（g）		其他特征		样品照片
	样品状态描述				
	颜色				
	光泽				
	折射率				
	双折射率				
	密度				
	紫外荧光	长波			
		短波			
	吸收光谱				
	光性特征				
	多色性				
	放大检查				
	其他检查				

（续）

检验结论	
备　　注	
批准：＿＿＿＿＿＿ 审核：＿＿＿＿＿＿ 主检：＿＿＿＿＿＿	检验单位签章： 检验日期：　　年　月　日

本报告仅对受检验样品负责，本报告复印、涂改、无签名无效。

知识拓展

表 3 - 4 - 2　象牙、龟甲、贝壳的质量评价

评价内容	评 价 及 标 准
贝壳	优质的贝壳要求颜色丰富或洁白无瑕，珍珠光泽强，有强的伴色或晕彩，无裂纹或其他瑕疵，块度（厚度）大，形状好
龟甲	龟甲的质量评价主要取决于透明度、厚度、颜色斑纹、玳瑁龟的龟龄等因素，以透明度高、厚度大、斑纹清晰且颜色和底色的搭配适宜、龟甲长者为佳。此外，龟甲斑纹的珍奇独特程度、龟甲的采获条件和龟甲的加工工艺、造型、款式、黏结、抛光等都会对成品质量和价值产生影响
象牙	象牙的质量评价可以从以下四个方面进行：颜色、质量、质地和透明度。以颜色罕见或是纯白色、半透明、质地致密、坚韧、纹理线细而质量大、做工精细者为优等品，而颜色发黄、块体小、结构疏松的象牙价值较低，甚至失去宝石的价值

职业资格考试练习题

一、是非题（是：Y，非：N）

1. 从狭义上讲象牙指的是一些哺乳动物如河马，海马，野猪，鲸等动物的牙齿。（　　）

2. 龟甲其实指的是一种玳瑁龟的龟甲。（　　）

3. 龟甲遇高温变暗，燃烧会发出头发烧焦的气味。（　　）

4. 龟甲遇盐酸起白泡。（　　）

5. 象牙在世界贸易中可以自由贸易。（　　）

二、问答题

1. 简述象牙制品与骨制品的区别。

2. 简述怎样鉴别龟甲与塑料。

‖项目四‖

有色宝石综合鉴定

案例导入

　　张伟和杨林是某珠宝鉴定专业的同班同学，由于平时表现优秀，毕业后两人同时被推荐到某珠宝鉴定检验中心实习，实习岗位是珠宝辅助检验员，实习期为半年。半年后，张伟转正为该珠宝鉴定检验中心的检验员，而杨林只拿到了鉴定检验中心的实习证明，未被该鉴定检验中心转正。经学校方面了解，该鉴定检验中心正是需要用人的时候，但杨林在实习期间曾多次出现工作上的失误，比较严重的两次失误如下：

1. 实习期刚开始的时候，杨林在证书部负责珠宝鉴定证书的核对、加盖印章、贴防伪标记、进行塑封等工作。某天，有位客户送检一件玻璃种翡翠手镯，杨林在给该手镯贴证书编号签时，不小心将手镯掉到地上，幸好是地板地面，手镯才没有碎，但却出现了一条裂痕，送检客户非常失望。

2. 在对某客户送检的红色单晶宝石进行初检时，杨林凭借自己的经验判断该裸石为石榴石，并未借助其他仪器来核准。幸而审核人员在复核的时候检测出该红色宝石是尖晶石而不是石榴石。杨林差点给鉴定检验中心造成信誉损失。

　　杨林在校期间专业成绩优秀，但实习期由于工作不够谨慎、细致，最终不能继续留在自己喜欢的岗位工作。杨林的经历对你有什么启示呢？

目标提示

知识目标

1. 熟练掌握常见有色宝石的外观特征及主要仪器鉴定特征。
2. 熟练掌握常见有色宝石鉴定仪器的性能、使用方法、用途和局限性。
3. 熟练掌握常见有色宝石的命名规则及优化处理方式。

能力目标

1. 能够根据实际情况灵活采用不同的检测手段快速鉴定有色宝石。
2. 能够随时掌握有色宝石的新品种、新鉴定技术、新产地等与市场相关的新知识。
3. 能够对常见有色宝石进行质量评价。

素质目标

1. 培养学生对珠宝鉴定、评估的兴趣。
2. 培养学生养成珍惜、爱护标本及珠宝鉴定设备的习惯。
2. 培养学生诚信、严谨、认真、踏实的工作作风。
3. 培养学生的学习能力、团队合作能力与沟通表达能力。

教学手段

　　任务驱动、一体化、现场教学、分组教学

教学内容

任务1　单晶宝石综合鉴定 →

任务提出

通过肉眼观察和仪器鉴定，独立完成常见单晶宝石的鉴定检测任务。

相关知识

一、常见单晶宝石品种

1. 碧玺、碧玺猫眼
2. 橄榄石
3. 锆石
4. 红宝石、星光红宝石、合成红宝石、合成星光红宝石
5. 蓝宝石、星光蓝宝石、合成蓝宝石、合成星光蓝宝石
6. 尖晶石、合成尖晶石
7. 绿柱石、祖母绿、合成祖母绿、海蓝宝石
8. 金绿宝石、猫眼、变石
9. 托帕石
10. 月光石、日光石、拉长石、天河石
11. 镁铝榴石、铁铝榴石、锰铝榴石、钙铝榴石、钙铁榴石、翠榴石、沙弗莱石
12. 水晶、紫晶、黄晶、烟晶、发晶、芙蓉石

13. 硼铝镁石
14. 萤石
15. 榍石
16. 透辉石、锂辉石
17. 莫桑石
18. 坦桑石
19. 堇青石
20. 磷灰石
21. 方柱石
22. 合成立方氧化锆
23. 玻璃
24. 莫桑石
25. YAG
26. GGG

二、常见单晶宝石优化处理方法及类别

宝石的优化、处理类别不同，命名时的要求不同。常见单晶宝石的优化处理方法及类别见表 4-1-1。

表 4-1-1　常见单晶宝石的优化处理方法及类别

宝石名称	优化处理方法	效　果	优化处理类别
红宝石	热处理	改善外观	优化
	染色	改善或改变颜色	处理
	充填	改善外观	处理
	扩散	改善颜色或产生星光效应	处理

（续）

宝石名称	优化处理方法	效　　果	优化处理类别
蓝宝石	热处理	改善外观	优化
	染色	改善或改变颜色	处理
	扩散	改善颜色或产生星光效应	处理
	辐照	改变颜色	处理
猫眼	辐照	改善光线和颜色等外观	处理
祖母绿	浸无色油	改善外观	优化
	染色	改善或改变颜色	处理
	充填	改善外观、耐久性	处理
	覆膜	改善颜色等外观	处理
海蓝宝石	热处理	改善颜色	优化
	充填	改善外观、耐久性	处理
绿柱石	热处理	改善颜色	优化
	辐照	改善或改变颜色	处理
	覆膜	改变颜色等外观	处理
碧玺	热处理	改善颜色	优化
	染色	改善或改变颜色	处理
	充填	改善外观、耐久性	处理
	辐照	改变颜色	处理
锆石	热处理	改善或改变颜色	优化
	辐照	改变颜色	处理
托帕石	热处理	改善或改变颜色	优化
	辐照	改变颜色	处理
	覆膜	改变颜色等外观	处理
	扩散	改变颜色等外观	处理
石榴石	热处理	改善颜色	优化
	充填	改善外观、耐久性	处理
水晶	热处理	改善或改变颜色	优化
	辐照	改变颜色	优化
	充填	改善外观、耐久性	处理
	染色	改善或改变颜色	处理
	覆膜	改变颜色等外观	处理
长石	浸蜡	改善外观、耐久性	优化
	覆膜	改变颜色等外观	处理
	扩散	改善或改变颜色	处理
	辐照	改变颜色	处理

（续）

宝石名称	优化处理方法	效　果	优化处理类别
方柱石	辐照	改变颜色	处理
坦桑石	热处理	改善颜色	优化
	覆膜	改善或改变颜色	处理
锂辉石	辐照	改变颜色	处理
红柱石	热处理	改善颜色	优化

任务实施

一、准备工作

1. 领取鉴定检测样品，并做好登记。

2. 准备好常见宝石鉴定仪器，备齐镊子、酒精棉、折射油、手电筒等工具或材料，以确保鉴定检测工作环境正常。

3. 进入鉴定检测状态。

二、实施步骤

1. 对拿到手的宝石进行颜色、透明度、光泽、火彩、特殊光学效应等外观特征的观察，采用白背景、反射光、透射光等形式，对宝石的品种做初步预判。

2. 结合初步预判结果，合理选取折射率测试、光性测试、发光性测试、多色性测试、吸收光谱测试等项目，以确定宝石品种。

3. 进一步使用显微镜放大检查，结合某些合成宝石品种在折射率、光性方面与天然宝石不同的特性，判断该宝石是否是合成宝石。

4. 通过测试中的现象和结论进一步判断宝石是否经过优化处理，是否为拼合石或再造宝石。

三、任务要求

1. 鉴定过程中要注意爱护仪器、管理好鉴定样品，不能丢失或混淆鉴定样品。

2. 主要鉴定过程要有照片或视频。

3. 认真对待每一件待检测样品，做到检测过程书写准确，检测结果真实可靠。

四、任务考核

表 4-1-2　单晶宝石的鉴定过程考核标准

考核内容		权重	考核标准
基本素养（30%）	A. 态度端正、工作认真、严谨仔细	10%	不糊弄、不马虎、认真完成鉴定工作
	B. 珍惜爱护标本	10%	不能丢失、混淆、损害鉴定标本
	C. 仪器使用规范	10%	使用完仪器及时关闭电源，不能有任何损害仪器或是不恰当操作仪器的行为

（续）

考核内容		权重	考核标准
鉴定过程（40%）	A. 能够合理选择鉴定仪器	15%	针对特定标本选择合适的鉴定方法及仪器测试
	B. 能够观察到特殊外观特征及特殊光学效应	15%	特殊外观及特殊光效应不能遗漏
	C. 始终如一完成任务，不懈怠	10%	鉴定过程中不能偷懒、不能懈怠、不能长时间自主休息
鉴定结果（30%）	A. 各项数据书写规范	10%	各项测试数据按照规范要求书写
	B. 结果准确	10%	鉴定结果准确，能够准确定名
	C. 规定时间完成鉴定任务	10%	要求每颗标本的鉴定检测时间在12min以内

五、常见问题及指导

1. 如何区分折射率范围相近的刻面宝石？

如果是均质体宝石，折射仪上只有一条阴影线，需要结合其他测试结果来判断。如果是非均质体宝石，可通过光性来判断宝石品种。当两条阴影线一条动一条不动时：$Ne > No$（不动的阴影线值）为 $U+$，反之为 $U-$；两条阴影线都动时：$Ng - Nm > Nm - Np$ 为 $B+$，反之为 $B-$。

2. 如何合理选择测试项目？

结合外观特征观察的初步判断结果，选择该宝石的主要鉴定特征进行测试。如某宝石有特征吸收光谱、有荧光，则可测试该宝石的吸收光谱及发光性。

六、任务成果

单晶宝石鉴定检测表

鉴定单位：　　　　　　　　鉴定师：　　　　　　　　鉴定时间：　　年　月　日

序号	样品编号	外观特征	主要鉴定特征（4~6项）
1		1. 颜色：	
		2. 光泽：	
		3. 透明度：	
		4. 琢型：	
		5. 特殊光学效应：	
		6. 其他：	
		鉴定结果：	鉴定时间（min）：
2		1. 颜色：	
		2. 光泽：	
		3. 透明度：	
		4. 琢型：	
		5. 特殊光学效应：	
		6. 其他：	
		鉴定结果：	鉴定时间（min）：

（续）

序号	样品编号	外观特征		主要鉴定特征（4~6项）
3		1. 颜色：		
		2. 光泽：		
		3. 透明度：		
		4. 琢型：		
		5. 特殊光学效应：		
		6. 其他：		
		鉴定结果：	鉴定时间（min）：	
4		1. 颜色：		
		2. 光泽：		
		3. 透明度：		
		4. 琢型：		
		5. 特殊光学效应：		
		6. 其他：		
		鉴定结果：	鉴定时间（min）：	
5		1. 颜色：		
		2. 光泽：		
		3. 透明度：		
		4. 琢型：		
		5. 特殊光学效应：		
		6. 其他：		
		鉴定结果：	鉴定时间（min）：	

职业资格考试练习题

一、是非题（是：Y，非：N）

1. 单晶宝石的各种物理性质都是因方向而异的。（　　）

2. 区分祖母绿与仿祖母绿的玻璃可测试有无双折率。（　　）

3. 用水热法可生产祖母绿，也可生产红宝石。（　　）

4. 辐照改色的托帕石上市时必须声明为"处理"的。（　　）

5. 锆石依化学成分划分为高型、中型、低型锆石。（　　）

6. 祖母绿与合成祖母绿的判别依据是都有三相包体。（　　）

7. 海蓝宝石是铁致色的他色宝石。（　　）

8. 钴致色的合成蓝色尖晶石在查尔斯滤色镜下呈红色。（　　）

9. 榍石和石榴石可从双影现象区分开。（　　）

10. 萤石在外加能量激发时都有荧光，但无磷光。（　　）

二、选择题

1. 堇青石的折射率 （　　）

　　A. 与水晶非常接近　　　　　　B. 与蓝色托帕石非常接近　　　C. 与坦桑石非常接近

2. 紫红色近不透明的红宝石原料，益加工成 （　　）

　　A. 弧面型宝石　　　　　　　　B. 刻面型宝石　　　　　　　　　C. 混合型宝石

3. 下面哪一种绿色宝石在查尔斯滤色镜下不呈现红色色调 （　　）

　　A. 水钙铝榴石　　　　　　　　B. 翠榴石　　　　　　　　　　　C. 南非出产的祖母绿

4. 下列哪一种宝石是一轴晶负光性的 （　　）

　　A. 海蓝宝石　　　　　　　　　B. 紫水晶　　　　　　　　　　　C. 托帕石

5. 月光石中的特征包裹体有 （　　）

　　A. "睡莲叶" 状包体　　　　　B. "蜈蚣" 状包体　　　　　　　C. "马尾丝" 状包体

三、填空题

1. 宝石材料应该具备的条件是_____、_____、_____。

2. 宝石的耐久性是_____、_____和化学_____的综合。

3. 祖母绿的合成方法有_____、_____。

4. 宝石选择弧面琢型切工的理由是：显示宝石的颜色和_____。

5. 蓝宝石的颜色集中在晶棱上，呈蛛网状分布，该蓝宝石是经过_____处理的。

通过肉眼观察和仪器鉴定，独立完成常见玉石的鉴定检测任务。

一、 常见单晶宝石品种

1. 翡翠	13. 独山玉
2. 软玉、和田玉、白玉、青白玉、青玉、碧玉、墨玉、糖玉	14. 查罗石
	15. 钠长石玉
3. 玛瑙、玉髓、蓝玉髓、绿玉髓（澳玉）、黄龙玉、虎睛石、鹰眼石、东陵石	16. 蔷薇辉石
	17. 大理石、汉白玉、蓝田玉
4. 欧泊、白欧泊、黑欧泊、火欧泊	18. 菱锰矿
5. 青金石、合成青金石	19. 水钙铝榴石
6. 方钠石	20. 黑曜岩
7. 绿松石	21. 鸡血石
8. 孔雀石	22. 寿山石、田黄
9. 硅孔雀石	23. 青田石
10. 针钠钙石	24. 苏纪石
11. 岫玉	25. 玻璃
12. 葡萄石	26. 绿泥石

二、 常见玉石优化处理方法及类别

宝石的优化、处理类别不同，命名时的要求不同。常见玉石的优化处理方法及类别见表 4-2-1。

表 4-2-1　常见玉石的优化处理方法及类别

宝石名称	优化处理方法	效　　果	优化处理类别
翡翠	热处理	改善或改变颜色	优化
	漂白、浸蜡	改善外观	处理
	漂白、充填	改变外观	处理
	染色	改善或改变颜色	处理
	覆膜	改变颜色等外观	处理
软玉	浸蜡	改善外观	优化
	染色	改善或改变颜色	处理

（续）

宝石名称	优化处理方法	效　　果	优化处理类别
欧泊	浸无色油	改善外观	优化
	染色	改善外观	处理
	充填	改善外观、耐久性	处理
	覆膜	改变颜色等外观	处理
玉髓（玛瑙）	热处理	改善或改变颜色	优化
	染色	改善或改变颜色	优化
石英岩	染色	改善或改变颜色	处理
	充填	改善外观、耐久性	处理
蛇纹石	浸蜡	改善外观	优化
	染色	改善或改变颜色	处理
绿松石	浸蜡	改善外观	优化
	充填	改善外观	处理
	染色	改善或改变颜色	处理
青金石	浸蜡	改善外观	优化
	浸无色油	改善外观	优化
	染色	改善或改变颜色	处理
孔雀石	浸蜡	改善外观	优化
	充填	改善外观、耐久性	处理
大理石	染色	改变颜色	处理
	充填	改善外观、耐久性	处理
	覆膜	改变颜色等外观	处理
萤石	热处理	改善颜色	优化
	充填	改善外观、耐久性	处理
	覆膜	改善外观、耐久性	处理
	辐照	改变颜色	处理
鸡血石	充填	改善外观	处理
	染色	改善颜色	处理
	覆膜	改变颜色等外观	处理
寿山石	热处理	改善或改变颜色	优化
	染色	改善或改变颜色	处理
	覆膜	改变颜色等外观	处理
绿泥石	染色	改变颜色	处理

任务实施

一、准备工作

1. 领取鉴定检测样品，并做好登记。

2. 准备好常见宝石鉴定仪器，备齐镊子、酒精棉、折射油、手电筒等工具或材料，以确保鉴定检测工作环境正常。

3. 进入鉴定检测状态。

二、 实施步骤

1. 对拿到手的宝石进行颜色、透明度、光泽、解理、断口等外观特征的观察，采用白背景、反射光、透射光等形式，对宝石的品种做初步预判。

2. 结合初步预判结果，合理选取折射率测试、光性测试、发光性测试、吸收光谱测试等项目，以确定宝石品种。

3. 进一步使用显微镜放大检查，结合某些合成宝石品种在折射率、光性方面与天然宝石不同的特性，判断该宝石是否是合成宝石。

4. 通过测试中的现象和结论进一步判断宝石是否经过优化处理，是否为拼合石或再造宝石。

三、 任务要求

1. 鉴定过程中要注意爱护仪器、管理好鉴定样品，不能丢失或混淆鉴定样品。

2. 主要鉴定过程要有照片或视频。

3. 认真对待每一件待检测样品，做到检测过程书写准确，检测结果真实可靠。

四、 任务考核

表4-2-2 玉石的鉴定过程考核标准

考核内容		权重	考核标准
基本素养（30%）	A. 态度端正、工作认真、严谨仔细	10%	不糊弄、不马虎、认真完成鉴定工作
	B. 珍惜爱护标本	10%	不能丢失、混淆、损害鉴定标本
	C. 仪器使用规范	10%	使用完仪器及时关闭电源，不能有任何损害仪器或是不恰当操作仪器的行为
鉴定过程（40%）	A. 能够合理选择鉴定仪器	15%	针对特定标本选择合适的鉴定方法及仪器测试
	B. 能够观察到特殊外观特征及特殊光学效应	15%	特殊外观及特殊光效应不能遗漏
	C. 始终如一完成任务，不懈怠	10%	鉴定过程中不能偷懒、不能懈怠、不能长时间自主休息
鉴定结果（30%）	A. 各项数据书写规范	10%	各项测试数据按照规范要求书写
	B. 结果准确	10%	鉴定结果准确，能够准确定名
	C. 规定时间完成鉴定任务	10%	要求每颗标本的鉴定检测时间在12min以内

五、 常见问题及指导

玉石的鉴定检测与单晶宝石有何不同？

（1）玉石的外观特征明显，很多玉石从外观特征就能基本鉴别出品种，因此玉石的鉴定要注重对其外观特征的观察，并识记。

（2）玉石多为非均质集合体，大多数玉石不透明，其光性、多色性、双折率均不可测。

六、 任务成果

常见玉石鉴定检测表

鉴定单位：   鉴定师：   鉴定时间：   年 月 日

序号	样品编号	外观特征	主要鉴定特征（4~6项）
1		1. 颜色：	
		2. 光泽：	
		3. 透明度：	
		4. 琢型：	
		5. 特殊光学效应：	
		6. 其他：	
		鉴定结果：	鉴定时间（min）：
2		1. 颜色：	
		2. 光泽：	
		3. 透明度：	
		4. 琢型：	
		5. 特殊光学效应：	
		6. 其他：	
		鉴定结果：	鉴定时间（min）：
3		1. 颜色：	
		2. 光泽：	
		3. 透明度：	
		4. 琢型：	
		5. 特殊光学效应：	
		6. 其他：	
		鉴定结果：	鉴定时间（min）：
4		1. 颜色：	
		2. 光泽：	
		3. 透明度：	
		4. 琢型：	
		5. 特殊光学效应：	
		6. 其他：	
		鉴定结果：	鉴定时间（min）：
5		1. 颜色：	
		2. 光泽：	
		3. 透明度：	
		4. 琢型：	
		5. 特殊光学效应：	
		6. 其他：	
		鉴定结果：	鉴定时间（min）：

职业资格考试练习题

一、是非题（是：Y，非：N）

1. 翡翠所谓的"翠性"是指裂开面的闪光。（　　　）

2. 欧泊的变彩效应主要是由于光照角度不同。（　　　）

3. 软玉的摩氏硬度低于翡翠，其韧性也比翡翠差。（　　　）

4. 脱玻化玻璃在正交偏光镜下转动 360°出现的现象是四明四暗。（　　　）

5. 翡翠最好的质地是玻璃种，其次是冰种。（　　　）

6. 葡萄石具有纤维放射状或粒状结构。（　　　）

7. 查罗石（紫硅碱钙石）是一种产于俄罗斯的紫色玉石。（　　　）

8. 黑曜岩是一种酸性玻璃质结构的火山岩。（　　　）

9. 软玉中青玉和糖玉的颜色都属于原生色。（　　　）

10. 东陵石、京白玉、黄龙玉都是我国产的石英质玉石。（　　　）

二、选择题

1. 一般情况下，软玉中价值最高的品种是（　　　）

    A. 花玉　　　　　　　　　　　B. 白玉　　　　　　　　　　　C. 墨玉

2. 火欧泊的折射率最小可到（　　　）

    A. 1.40　　　　　　　　　　　B. 1.37　　　　　　　　　　　C. 1.45

3. 我国东北岫岩县产的玉（　　　）

    A. 只有岫玉

    B. 只有蛇纹石玉

    C. 有蛇纹石玉、闪石玉、含闪石和蛇纹石的玉

4. 孔雀石和硅孔雀石是（　　　）

    A. 类质同象　　　　　　　　　B. 同质多象　　　　　　　　　C. 两个不同的矿物种

5. 下列玉石密度从大到小的顺序是（　　　）

    A. 蛇纹石玉、软玉、翡翠　　　B. 翡翠、软玉、蛇纹石玉　　　C. 软玉、翡翠、蛇纹石玉

三、填空题

1. "福""禄""寿"翡翠是指在一件翡翠中同时出现_____、_____、_____三色。

2. 青金石的主要产地是_____。

3. 艳丽的紫色玉石有苏纪石、_____。

4. 欧泊二层石是用无色胶将薄层_____复合在一个_____基底上制成。

5. 我国绿松石的重要产地是_____，颜色最好的是_____色的。

任务3 有机宝石综合鉴定 →

通过肉眼观察和仪器鉴定，独立完成常见有机宝石的鉴定检测任务。

相关知识

一、 常见有机宝石品种

1. 天然珍珠、天然海水珍珠、天然淡水珍珠
2. 养殖珍珠（珍珠）、海水养殖珍珠（海水珍珠）、淡水养殖珍珠（淡水珍珠）
3. 珊瑚
4. 琥珀、蜜蜡、血珀、金珀、绿珀、蓝珀、虫珀、植物珀
5. 煤精
6. 象牙
7. 龟甲、玳瑁
8. 贝壳

二、 常见有机宝石优化处理方法及类别

宝石的优化、处理类别不同，命名时的要求不同。常见有机宝石的优化处理方法及类别见表4-3-1。

表4-3-1 常见有机宝石的优化处理方法及类别

宝石名称	优化处理方法	效　果	优化处理类别
天然珍珠	漂白	改善外观	优化
	染色	改善或改变颜色	处理
养殖珍珠（珍珠）	漂白	改善颜色等外观	优化
	增白	改善颜色等外观	优化
	染色	改善或改变颜色	处理
	辐照	改变颜色	处理
珊瑚	漂白	改善外观	优化
	浸蜡	改善外观	优化
	染色	改善或改变颜色	处理
	充填	改善外观、耐久性	处理
	覆膜	改变外观	处理

（续）

宝石名称	优化处理方法	效　　果	优化处理类别
琥珀	热处理	改善颜色等外观	优化
	压固	改善外观、耐久性	优化
	无色覆膜	改善外观、耐久性	优化
珊瑚	有色覆膜	改变颜色等外观	处理
	染色	改善或改变颜色	处理
	加温加压改色	改变颜色	处理
	充填	改善外观	处理
象牙	漂白	改善外观	优化
	浸蜡	改善外观	优化
	染色	改变颜色	处理
贝壳	覆膜	改善外观	处理
	染色	改善或改变颜色	处理

任务实施

一、 准备工作

1. 领取鉴定检测样品，并做好登记。

2. 准备好常见宝石鉴定仪器，备齐镊子、酒精棉、折射油、手电筒等工具或材料，以确保鉴定检测工作环境正常。

3. 进入鉴定检测状态。

二、 实施步骤

1. 对拿到手的宝石进行颜色、透明度、光泽、解理、断口等外观特征的观察，采用白背景、反射光、透射光等形式，对宝石的品种做初步预判。

2. 结合初步预判结果，合理选取折射率测试、光性测试、发光性测试、吸收光谱测试等项目，以确定宝石品种。

3. 进一步使用显微镜放大检查，结合某些合成宝石品种在折射率、光性方面与天然宝石不同的特性，判断该宝石是否是合成宝石。

4. 通过测试中的现象和结论进一步判断宝石是否经过优化处理，是否为拼合石或再造宝石。

三、 任务要求

1. 鉴定过程中要注意爱护仪器、管理好鉴定样品，不能丢失或混淆鉴定样品。

2. 主要鉴定过程要有照片或视频。

3. 认真对待每一件待检测样品，做到检测过程书写准确，检测结果真实可靠。

四、 任务考核

表4－3－2　有机宝石的鉴定过程考核标准

考核内容		权重	考核标准
基本素养 (30%)	A. 态度端正、工作认真、严谨仔细	10%	不糊弄、不马虎、认真完成鉴定工作
	B. 珍惜爱护标本	10%	不能丢失、混淆、损害鉴定标本
	C. 仪器使用规范	10%	使用完仪器及时关闭电源，不能有任何损害仪器或是不恰当操作仪器的行为
鉴定过程 (40%)	A. 能够合理选择鉴定仪器	15%	针对特定标本选择合适的鉴定方法及仪器测试
	B. 能够观察到特殊外观特征及特殊光学效应	15%	特殊外观及特殊光效应不能遗漏
	C. 始终如一完成任务，不懈怠	10%	鉴定过程中不能偷懒、不能懈怠、不能长时间自主休息
鉴定结果 (30%)	A. 各项数据书写规范	10%	各项测试数据按照规范要求书写
	B. 结果准确	10%	鉴定结果准确，能够准确定名
	C. 规定时间完成鉴定任务	10%	要求每颗标本的鉴定检测时间在12min以内

五、 常见问题及指导

1. 有机宝石的折射率测试需注意什么问题？

珊瑚、珍珠、贝壳等有机宝石最好不要与折射油接触，否则会损伤其表面。一般能用其他方法测试的时候都不测试折射率。

2. 有机宝石的有效测试手段是什么？

放大检查特殊结构，如珍珠的等高线纹理，象牙的勒兹纹，珊瑚的虫孔、平行条纹，贝壳的层状结构等是有机宝石测试的有效手段。此外，有机宝石的发光性一般比较特征，进行发光性测试也能将有机宝石与塑料、玻璃仿制品区别开。

六、 任务成果

有机宝石鉴定检测表

鉴定单位：　　　　　　　　鉴定师：　　　　　　　　鉴定时间：　　年　月　日

序号	样品编号	外观特征		主要鉴定特征 (4~6项)
1		1. 颜色：		
		2. 光泽：		
		3. 透明度：		
		4. 琢型：		
		5. 特殊光学效应：		
		6. 其他：		
		鉴定结果：		鉴定时间（min）：

（续）

序号	样品编号	外观特征		主要鉴定特征（4~6项）
2		1. 颜色：		
		2. 光泽：		
		3. 透明度：		
		4. 琢型：		
		5. 特殊光学效应：		
		6. 其他：		
		鉴定结果：		鉴定时间（min）：
3		1. 颜色：		
		2. 光泽：		
		3. 透明度：		
		4. 琢型：		
		5. 特殊光学效应：		
		6. 其他：		
		鉴定结果：		鉴定时间（min）：
4		1. 颜色：		
		2. 光泽：		
		3. 透明度：		
		4. 琢型：		
		5. 特殊光学效应：		
		6. 其他：		
		鉴定结果：		鉴定时间（min）：
5		1. 颜色：		
		2. 光泽：		
		3. 透明度：		
		4. 琢型：		
		5. 特殊光学效应：		
		6. 其他：		
		鉴定结果：		鉴定时间（min）：

职业资格考试练习题

一、是非题（是：Y，非：N）

1. 市场上常见的含大量"太阳光芒"的琥珀是合成琥珀。（　　）

2. 琥珀的英文名称是 Agate。（　　）

3. 珊瑚的主要化学成分都是无机质 $CaCO_3$。（　　）

4. 天然黑珍珠的粉末是白色的。（　　）

5. 白欧泊和黑珍珠是欧泊和珍珠中最贵重的品种。（　　）

6. 角质珊瑚的密度比钙质珊瑚要低一些。（　　）

7. 珍珠中含有多种对其色彩形成有重要作用的金属元素。（　　）

8. "吉尔森"仿珊瑚是用方解石粉加色压制的，密度比天然珊瑚大。（　　）

9. 琥珀在正交偏光镜下常出现光性异常。（　　）

10. 辽宁抚顺市是我国煤精的重要产地。（　　）

二、选择题

1. 象牙中的主要无机成分是（　　）

　　A. 硅酸盐　　　　　　　　　B. 磷酸盐　　　　　　　　　C. 碳酸盐

2. 钙质型珊瑚的颜色主要有（　　）

　　A. 红色　　　　　　　　　　B. 黑色　　　　　　　　　　C. 金黄色

3. 勒兹纹在象牙上最清楚的方向是（　　）

　　A. 纵截面　　　　　　　　　B. 横截面　　　　　　　　　C. 任意方向

4. 养殖珍珠（　　）

　　A. 都是无核珍珠　　　　　　B. 都是有核珍珠　　　　　　C. 是有核或无核珍珠

5. 清洗珍珠时可用（　　）

　　A. 任何酸碱　　　　　　　　B. 强酸　　　　　　　　　　C. 中性清洗液

三、填空题

1. 漂白珍珠的试剂常用_____和含氯漂白剂。

2. 象牙和骨制品的根本区别是象牙具_____，骨头具_____结构。

3. 琥珀在过饱和盐水溶液中_____。

4. 龟甲的褐斑是由_____组成，而仿制品只有褐色色斑无球状颗粒。

5. 珍珠光泽的晕彩色是_____作用造成。

任务4　有色宝石综合鉴定 →

任务提出

1. 通过肉眼观察和仪器鉴定，独立完成有色宝石的鉴定检测任务。

相关知识

一、 常见有色宝石的鉴定特征 （见附录）

二、 常见有色宝石的合成方法及鉴定特征

有色宝石的合成方法主要有焰熔法、助熔剂法、水热法、晶体提拉法、区域熔炼法、冷坩埚法、丘克提拉法。各种合成方法及常见宝石见表4-4-1。

表4-4-1　常见有色宝石合成方法及鉴定特征

优化处理类别	鉴定特征	常见宝石
焰熔法	弧形生长纹；气泡；未熔粉末	合成红或蓝宝石、人造钛酸锶、合成尖晶石
助熔剂法	助熔剂残余；六边形或三角形铂金片；硅铍石晶体（合成祖母绿）；均匀的平行生长面；气液两相包体	合成绿柱石（祖母绿）、合成红或蓝宝石、合成变石、合成尖晶石
水热法	无色种晶片；树枝状、水波状或锯齿状生长纹（水晶无）；金属包体；合成祖母绿红可见钉状包体；合成水晶中见面包渣状包体；合成水晶一般无复杂双晶，显牛眼干涉图	合成祖母绿、合成刚玉、合成水晶
晶体提拉法	弯曲生长纹；气泡；似烟雾的漩涡形模糊面纱状包体	合成变石、合成刚玉
区域熔炼法	气泡；未熔粉末；漩涡结构	合成变石、合成刚玉、YAG
冷坩埚法	干净；可含气泡；未融化的粉末	合成立方氧化锆
丘克提拉法	气泡，多为伸长鱼雷状；铂金片	合成刚玉、合成变石、YAG、GGG

任务实施

一、 准备工作

1. 领取鉴定检测样品，并做好登记。

2. 准备好常见宝石鉴定仪器，备齐镊子、酒精棉、折射油、手电筒等工具或材料，以确保鉴定检测工作环境正常。

3. 进入鉴定检测状态。

二、 实施步骤

1. 对拿到手的宝石进行颜色、透明度、光泽、解理、断口等外观特征的观察，采用白背景、反射光、透射光等形式，对宝石的品种做初步预判。

2. 结合初步预判结果，合理选取折射率测试、光性测试、发光性测试、吸收光谱测试等项

目，以确定宝石品种。

3. 进一步使用显微镜放大检查，结合某些合成宝石品种在折射率、光性方面与天然宝石不同的特性，判断该宝石是否是合成宝石。

4. 通过测试中的现象和结论进一步判断宝石是否经过优化处理，是否为拼合石或再造宝石。

三、 任务要求

1. 鉴定过程中要注意爱护仪器、管理好鉴定样品，不能丢失或混淆鉴定样品。

2. 主要鉴定过程要有照片或视频。

3. 认真对待每一件待检测样品，做到检测过程书写准确，检测结果真实可靠。

四、 任务考核

表 4 - 4 - 2　有色宝石综合鉴定过程考核标准

考 核 内 容		权重	考 核 标 准
基本素养（30%）	A. 态度端正、工作认真、严谨仔细	10%	不糊弄、不马虎、认真完成鉴定工作
	B. 珍惜爱护标本	10%	不能丢失、混淆、损害鉴定标本
	C. 仪器使用规范	10%	使用完仪器及时关闭电源，不能有任何损害仪器或是不恰当操作仪器的行为
鉴定过程（40%）	A. 能够合理选择鉴定仪器	15%	针对特定标本选择合适的鉴定方法及仪器测试
	B. 能够观察到特殊外观特征及特殊光学效应	15%	特殊外观及特殊光效应不能遗漏
	C. 始终如一完成任务，不懈怠	10%	鉴定过程中不能偷懒、不能懈怠、不能长时间自主休息
鉴定结果（30%）	A. 各项数据书写规范	10%	各项测试数据按照规范要求书写
	B. 结果准确	10%	鉴定结果准确，能够准确定名
	C. 规定时间完成鉴定任务	10%	要求每颗标本的鉴定检测时间在 12min 以内

五、 常见问题及指导

怎样用肉眼鉴定初步预判宝石品种？

首先，观察宝石特殊外观。如果有特殊外观，如青金石的金星、白斑；天河石的蓝白网格；绿松石的铁线等则可直接初步判断宝石品种。

其次，如果宝石没有可直接判断其品种的特殊外观，则需观察宝石结构判断其是单晶体宝石、玉石还是有机宝石。根据宝石类别结合颜色、透明度、光泽等外观特征进一步判断宝石品种。

六、 任务成果

有色宝石鉴定检测表

鉴定单位：　　　　　　　　鉴定师：　　　　　　　　鉴定时间：　　年　月　日

序号	样品编号	外观特征	主要鉴定特征（4~6项）
1		1. 颜色：	
		2. 光泽：	
		3. 透明度：	
		4. 琢型：	
		5. 特殊光学效应：	
		6. 其他：	
		鉴定结果：	鉴定时间（min）：

（续）

序号	样品编号	外观特征		主要鉴定特征（4~6项）
2		1. 颜色：		
		2. 光泽：		
		3. 透明度：		
		4. 琢型：		
		5. 特殊光学效应：		
		6. 其他：		
		鉴定结果：		鉴定时间（min）：
3		1. 颜色：		
		2. 光泽：		
		3. 透明度：		
		4. 琢型：		
		5. 特殊光学效应：		
		6. 其他：		
		鉴定结果：		鉴定时间（min）：
4		1. 颜色：		
		2. 光泽：		
		3. 透明度：		
		4. 琢型：		
		5. 特殊光学效应：		
		6. 其他：		
		鉴定结果：		鉴定时间（min）：
5		1. 颜色：		
		2. 光泽：		
		3. 透明度：		
		4. 琢型：		
		5. 特殊光学效应：		
		6. 其他：		
		鉴定结果：		鉴定时间（min）：

职业资格考试练习题

一、是非题（是：Y，非：N）

1. 致色离子 Cr^{3+} 在宝石中可以使宝石呈现红色或绿色。（　　）

2. 岫玉出售前经常放在水中，是因为岫玉成分中含有水。（　　）

3. 某有色透明宝石在二色镜下能观察到多色性，说明该宝石为非均质体宝石，反之，则说明该宝石为均质体宝石。（　　）

4. 宝石的颜色是决定宝石档次、品质级别的重要特征，也是划分宝石价值高低、区别宝石品种的重要标志之一。（　　）

5. 有变色效应的蓝宝石标准名称应为变石蓝宝石。（　　）

6. 祖母绿与海蓝宝石的主要化学成分和晶体结构是一样的。（　　）

7. 蓝宝石是可以产生荧光的。（　　）

8. 玻璃的折射率都低于 1.81。（　　　）

9. 碧玺因受热产生电荷，吸附纸屑、灰尘，故被称为吸灰石。（　　　）

10. 用显微镜观察宝石的内部特征，放大倍数越大，现象观察的越清晰。（　　　）

二、选择题

1. 某一宝石晶体其台面水平时偏光镜下为全消光，此宝石（　　　）

    A. 一定是等轴晶系的晶体

    B. 是等轴晶系或台面垂直光轴的晶体

    C. 是中级晶族晶体

2. 托帕石属于（　　　）

    A. 三斜晶系   B. 单斜晶系   C. 斜方晶系

3. 红宝石具有（　　　）

    A. 单色性   B. 二色性   C. 三色性

4. 独山玉的主要组成矿物为（　　　）

    A. 铬云母和钠长石   B. 钠长石和闪石   C. 斜长石和黝帘石

5. 具有十字星光的宝石中平行排列的针状或管状包体是（　　　）

    A. 二组   B. 三组   C. 六组

6. 翡翠的 B 货在紫外灯下（　　　）

    A. 一定有荧光   B. 无荧光   C. 可以无荧光

7. 查尔斯滤色镜可以透过（　　　）

    A. 黄绿光   B. 蓝光   C. 紫光

8. 下列哪种绿色宝石在查尔斯滤色镜下会变红（　　　）

    A. 翡翠   B. 海蓝宝石   C. 沙弗莱石

9. 合成立方氧化锆的简称是（　　　）

    A. YAG   B. GGG   C. CZ

10. 折射率为 1.762，密度为 $3.98g/cm^3$ 的蓝色刻面宝石可能是下列宝石中的哪一种（　　　）

    A. 坦桑石   B. 蓝宝石   C. 蓝碧玺

三、填空题

1. 宝石的荧光色与宝石的体色经常_____ 同，宝石对长波和短波紫外光的荧光反应及强弱也_____。

2. 传统宝石学颜色成因包括_____、_____、_____三种。

3. 根据国家宝玉石分类命名标准，将人工宝石分_____、_____、_____、_____四类。

4. 热针测试琥珀产生_____，测试塑料产生_____。

5. 合成红宝石的主要方法有_____、_____、_____。

6. 透明宝石多采用_____琢型，不透明及有特殊光学效应的宝石多选用_____琢型。

7. 一般说，玉主要是指_____和_____，前者属_____矿物集合体，后者属_____矿物集合体。

8. 世界上最著名的猫眼产地是_____。

参 考 答 案

项目一 天然宝石鉴定

任务1 碧玺的鉴定

一、填空题

1. 含硼的硅酸盐、三方、柱状、纵纹、3.06、1.624 ~ 1.644、0.018 ~ 0.04

2. 管状、线状包裹体、薄层状空穴气液包裹体　3. 染色水晶、颜色（染料）在裂纹中富集

4. 卢比来碧玺　5. 巴西、莫桑比克、尼日利亚、帕拉伊巴

二、是非题

1~5. Y　N　N　Y　Y

三、问答题（略）

任务2 橄榄石的鉴定

一、填空题

1. 草绿色（橄榄绿色）、Fe^{2+}、Fe^{2+}　2. 睡莲叶状包裹体　3. 斜方、短柱

4. 1.654 – 1.690、Fe^{2+}含量、0.036　5. 453、477、497

二、问答题（略）

任务3 锆石的鉴定

一、填空题

1. 风信子石　2. 高型锆石、中型锆石、低型锆石　3. 高型锆石、热处理　4. 脆性、纸蚀

5. 0.059、0.039

二、问答题

(1) 首先在偏光镜下分出样品里为均质体的尖晶石和石榴石，尖晶石和石榴石可用折射率、可见光的吸收光谱和密度来进一步区分。

(2) 测折射率，可以区分出金绿宝石、橄榄石、碧玺、绿柱石等一些折射率相对偏小的宝石品种。这些宝石在折射仪上可以读出相应的折射率值，而锆石则无法读出折射率值。

(3) 观察吸收光谱，一般总能观察到特征的653.5nm吸收线，可与蓝宝石等折射率较高的宝石品种区别开。

(4) 肉眼感觉，可据锆石的强光泽和高色散将它与其他品种区别开来；另外部分斯里兰卡的锆石，为了保重，冠部很薄，亭部却大而胖，比例失调。

任务4 红宝石的鉴定

一、填空题

1. 铬、红、620 ~ 540、紫　2. Cr、鸽血红、金红石　3. 波纹、锯齿

4. 星线浮与表层、星线完整清晰、星线较细　5. 两套成规律排列的包体引起的（两套六射星光组合）

6. 铬　7. 鹰架状水铝矿包体、煎蛋状

二、是非题

1~7. N　N　Y　N　Y　Y　N

三、问答题

1. 对比焰熔法、水热法、助溶剂法合成红宝石的包体特征。

合成方法	包裹体特征
焰熔法	弧形生长纹、气泡
水热法	种晶片、锯齿状、波纹状生长纹，金属包体、钉状流体包体
助溶剂法	助溶剂残余、笔直的生长环带或不均匀色块、铂金片

2.（略）

3.（略）

任务 5　蓝宝石的鉴定

一、填空题

1. 矢车菊蓝、克什米尔　　2. 红宝石、蓝宝石　　3. Fe　　4. 450、460、470　　5. 铬

二、是非题

1~5. N　Y　Y　Y　N

三、问答题（略）

任务 6　尖晶石的鉴定

一、填空题

1. 不均匀消光、异常消光、含有过量的 Al 致晶格扭曲

2. 铬、黄绿、荧光线、Fe 或少量 Co、蓝区　　3. 等轴、八面体、菱形十二面体、立方体

4. 马亨盖尖晶石、坦桑尼亚　　5. 1.728

二、是非题

1~5. Y　N　N　Y　N

三、问答题（略）

任务 7　绿柱石族宝石的鉴定

一、填空题

1. 铍铝硅酸盐矿物、$Be_3Al_2Si_6O_{18}$、Cr、六方晶系、六方柱、六方双锥、平行于 z 轴的纵纹

2. 祖母绿型切工、阶梯形切工、体现祖母绿的绿色、平行于 z 轴方向　　3. 碳质包体、钠长石

4. 祖母绿猫眼、星光祖母绿、达碧兹　　5. 助熔剂法、水热法　　6. 雨丝状包体、管状包裹体

二、是非题

1~5. Y　N　Y　N　N

三、问答题（略）

任务 8　金绿宝石的鉴定

一、填空题

1. 铍铝氧化物、$BeAl_2O_4$　　2. 445、Fe^{3+}　　3. 蜜黄、深黄、深绿　　4. 乳白色、蜜黄色、斯里兰卡色

5. 亚历山大石、原苏联乌拉尔地区

二、是非题

1~5. Y　N　Y　N　N

三、问答题（略）

任务 9　托帕石的鉴定

一、填空题

1. 辐照、褐色、热处理　　2. 眼睛状气液两相包体　　3. 瑞士蓝、伦敦蓝、皇家蓝

4. 斜方、1.619~1.627　　5. 处理、辐照托帕石/托帕石（辐照）

二、是非题

1~5. Y　Y　N　N　Y

三、问答题（略）

✔ **任务10　长石族宝石的鉴定**

一、填空题

1. 月光石、天河石、日光石、拉长石、月光石

2. 正常石与钠长石呈层状平行交互生长，两者折射率稍有差异对可见光发生散射。

3. 板状和短柱状、聚片双晶　　4. 士多啤梨晶、日光石　　5. 光谱石

二、问答题

1. 长石族宝石的分类及鉴定特征如下：

宝石品种		鉴定特征
钾长石	月光石	无色至白色，红棕色、绿色、暗褐色，具有月光效应；RI：1.518 ~ 1.526；SG：2.55 ~ 2.61g/cm³；蜈蚣状包裹体
	天河石	绿色和白色格子状、条纹状或斑纹状外观；RI：1.522 ~ 1.530；SG：2.56g/cm³
斜长石	日光石	金红色至红褐色；具有沙金效应；RI：1.537 ~ 1.547；SG：2.62 ~ 2.67g/cm³
	拉长石	晕彩效应；RI：1.559 ~ 1.568；SG：2.65 ~ 2.75g/cm³；针状包裹体

2. （1）月光效应：月光石。月光石是正长石中出溶有钠长石，钠长石在正长石晶体内定向分部，两种长石的层状隐晶平行相互交生，折射率稍有差异对可见光发生散射，当有解理面存在时，可伴有干涉或衍射，长石对光的综合作用使长石表面产生一种蓝色的乳光。

（2）晕彩效应：拉长石。晕彩效应是由拉长石聚片双晶薄层之间的光相互干涉形成的，或由于拉长石内部包含的细微片状赤铁矿包体及一些针状包体，使拉长石内部的光产生干涉形成的。有的拉长石内因含有针状包体，可呈暗黑色，产生蓝色晕彩。

（3）沙金效应：日光石、拉长石。沙金效应是指因含有大致定向排列的金属矿物薄片，如赤铁矿和针铁矿，随着宝石的转动，能反射出红色或金色的反光。

（4）猫眼效应：月光石。当月光石内含有一组平行排列的针状包裹体时，这些针状包裹体对光的反射可产生一条亮带，即猫眼效应。

（5）星光效应：月光石。当月光石内含有两组及以上平行排列的针状包裹体时，这些针状包裹体对光的反射可产生两条交叉的亮带，即星光效应。

3. （略）

✔ **任务11　石榴石的鉴定**

一、填空题

1. 菱形十二面体、四角三八面体、红色系列、黄色系列、绿色系列

2. 钙铝榴石、钙铁榴石、钙铬榴石、镁铝榴石、铁铝榴石、锰铝榴石　　3. 绿色、1.72、变红

4. Fe^{2+}、铁钙铝榴石、桂榴石、褐黄色和酒黄色　　5. 芬达石、芬达汽水的颜色

二、是非题

1 ~ 5. N　N　N　Y　Y

三、问答题

1. 答：可出现星光效应、变色效应和猫眼效应。

（1）星光效应：通常出现四射星光，偶见六射星光。当金红石针包体平行于石榴石菱形十二面体晶棱方向时，可见斜交四射星光；当金红石针平行于石榴石八面体晶棱方向时，在立方体面上可观察到正交的四射星光，而在八面体上可以观察到六射星光。有时正交的四射星光和六射星光可以同时出现在球形石榴石表面。

（2）变色效应：变色石榴石富含 Mn^{2+}、Fe^{2+}、V^{3+} 及微量的 Cr。这些元素的吸收作用产生了复杂光

谱：在蓝绿区存在两个吸收峰可能与 Mn^{2+} 有关，506nm 处的吸收峰是由 Fe^{2+} 造成的，而橙黄区的吸收宽带主要由 Cr 和 V 共同作用产生，并且 V^{3+} 在镁铝—锰铝榴石中导致黄绿区的吸收带向长波偏移，从而使变色石榴石对红、绿光的吸收达到均衡的状态。所以在变色石榴石中，V^{3+} 是导致变色的最主要原因。

（3）猫眼效应：当石榴石只含有一组平行的针状包体时，正确琢磨后即可出现猫眼效应，但少见。

2.（略）

3.（略）

✔ 任务12　水晶的鉴定

一、填空题

1. 双晶、分界明显　　2. 道芬双晶、巴西双晶、日本双晶、道芬双晶、巴西双晶　　3. 烟晶

4. 种晶板、立体团块雾絮状　　5. 无荧光、有荧光　　6. 聚宝盆幽灵水晶

二、是非题

1~7. Y　N　Y　N　Y　N　N

三、问答题

1. 水晶（SG2.65）在 2.65 重液中呈悬浮状态；托帕石（SG3.53 – 3.56）在 2.65 重液中呈下沉状态。

2. 天然紫晶和紫色方柱石的区别可见以下表格：

名称	硬度	相对密度	折射率	多色性	放大观察	颜色	光性
天然紫晶	7	2.65	1.544 ~ 1.553	明显	色带；气液两相包体	浅至深的紫色，不均匀	U +
紫色方柱石	5 ~ 6	2.50	1.550 ~ 1.564	明显	典型针管状包体	紫色较均匀	U –

3.（略）

✔ 任务13　天然宝石仿制品（合成立方氧化锆）的鉴定

一、填空题

1. 不导热、导热　　2. 瑞士、CZ　　3. 价格低廉　　4. 0.06、0.044、强　　5. 1.6 倍

6. 致色元素金属氧化物

二、是非题

1~7. N　N　Y　N　N　Y　Y

三、问答题（略）

项目二　天然玉石鉴定

✔ 任务1　翡翠的鉴定

一、填空题

1. 红和黄、绿　　2. 硬玉、集合体　　3. 630、660、690、铬元素　　4. 翡翠的翠性

5. 热处理、浸蜡、漂白、充填

二、是非题

1~5. N　N　Y　N　N

三、问答题（略）

✔ 任务2　和田玉的鉴定

一、填空题

1. 毛毡状结构、韧性、参差状　　2. 白色、Fe、Fe、深　　3. 山料、籽料、山流水、戈壁料

4. 汉白玉、低   5. 乳白色、半透明至不透明、气泡、贝壳状、1.51、2.50g/cm³、低、料器

二、是非题

1~5. Y   N   Y   N   N

三、问答题（略）

✔ 任务3   石英质玉石的鉴定

一、填空题

1. 二氧化硅、蓝色钠闪石、纤维状晶形、褐铁矿、黄色或黄褐

2. 染色石英岩、染色、颜色沿裂隙分布、变红或无变化   3. 树干、结构

4. 石英岩、铬云母、蓝线石、锂云母   5. 绿、蓝、紫、深浅不同的红

二、选择题

1~5. B   B   C   C   B

三、问答题（略）

✔ 任务4   欧泊的鉴定

一、填空题

1. $SiO_2 \cdot nH_2O$、10、水   2. 蛋白石   3. 排列方式、大小

4. 欧泊、玉髓片、劣质欧泊片、欧泊、玉髓、石英或玻璃

5. 不规则片、柱、蜥蜴皮   6. 澳大利亚、墨西哥

二、选择题

1~7. A   D   D   A   A   D   A

三、问答题（略）

✔ 任务5   青金石的鉴定

一、填空题

1. 青金石   2. 1.50、5~6、2.75g/cm³   3. 黄铁矿、方解石   4. 颜色沿裂隙富集   5. 阿富汗、智利

二、是非题

1~6. Y   N   Y   N   N   Y

三、问答题（略）

✔ 任务6   绿松石的鉴定

一、填空题

1. 麦片粥、细粒结构   2. 伊朗、湖北   3. 磷酸盐、灰绿至白色   4. 粒状   5. 颜色、净度、重量、结构

二、是非题

1~7. N   Y   Y   N   Y   Y   Y

三、问答题（略）

✔ 任务7   蛇纹石玉的鉴定

一、是非题

1~5. N   N   Y   Y   Y

二、选择题

1~5. C   D   B   D   B

三、问答题（略）

✔ 任务8   其他玉石的鉴定

一、是非题

1~5. N   Y   N   N   Y

二、选择题

1~2. B   A

三、问答题（略）

项目三 常见有机宝石鉴定

任务1 珍珠的鉴定

一、是非题

1~5. Y N Y N Y

二、选择题

1~5. C B A C B

三、问答

1. 染色珍珠的鉴别方法如下：

(1) 用肉眼观察：在串珠中，如每粒珍珠颜色都一样，一般是染色的特征；而天然色在外观上很柔和，并有伴色，每粒珠的颜色虽一致，但仍有区别。天然黑珍珠其实不是纯黑色，带有蓝或紫色的伴色。

(2) 用放大镜观察：染色珍珠在钻孔中能见到染色剂的堆积，有时可见绳子上也被染色。

(3) 紫外线照射法：人工养殖的黑珍珠的珍珠层一般不发荧光，但在紫外线的照射下，在小凹陷中仍能发出淡黄色或白色的荧光，在长波紫外线下发出粉红色或红色的荧光。染色黑珍珠在任何情况下不发荧光。

(4) 粉末法：染色黑珍珠的粉末为黑色，而自然黑珍珠其粉末为白色。此法对珍珠有破坏作用，不能随意使用。

2. （略）

任务2 琥珀的鉴定

一、是非题

1~6. Y Y N N Y Y

二、选择题

1~5. A B C A C

三、问答题（略）

任务3 珊瑚的鉴定

一、是非题

1~5. N N Y Y Y

二、选择题

1~3. A C B

三、问答题（略）

任务4 其他有机宝石的鉴定

一、是非题

1~5. N Y Y N N

二、问答题

1. 简述象牙制品与骨制品的区别。

致密型骨制品（牛骨、象骨）与象牙制品在外观上很相似，其物理性质（RI=1.54；SG=2.00；Hm=2.75）也与象牙相近。主要不同之处为：骨制品具有空心管状构造，骨腔内有许多细管，中间由骨质细胞充填，形成小圆点，横截面上这些细管呈圆形或椭圆形，纵切面上则表现为线条状。污垢可以渗入这些管中，使它们更为明显，这就是人们通常说的骨眼。象牙制品可见横截面成特征的勒兹纹理线，纵截面呈波状纹，无骨眼。

2. 龟甲与塑料的鉴别如下：

名称	显微特征	RI	SG	热针检查	与酸反应
龟甲	龟甲上的色斑是由许多球状颗粒组成的	1.55	1.2	发出头发烧焦的气味	龟甲会被硝酸腐蚀
塑料	塑料中的颜色为条带状、色带间有明显的界线。塑料有铸模的痕迹，有气泡	1.50～1.55	1.49	发出辛辣等异味	塑料不与酸反应

项目四　有色宝石综合鉴定

任务1　单晶宝石综合鉴定

一、是非题

1～5. N　Y　Y　Y　N　　　　6～10. N　Y　Y　Y　N

二、选择题

1～5. A　A　C　A　B

三、填空题

1. 美丽、耐久、稀少　2. 硬度、韧度、稳定性　3. 水热法、助熔剂法　4. 特殊光学效应　5. 扩散

任务2　玉石综合鉴定

一、是非题

1～5. N　N　N　N　Y　　　　6～10. Y　Y　Y　N　Y

二、选择题

1～5. B　B　C　C　B

三、填空题

1. 红、绿、紫　2. 阿富汗　3. 查罗石　4. 欧泊、深色材料　5. 湖北郧阳、天蓝

任务3　有机宝石综合鉴定

一、是非题

1～5. N　N　N　Y　N　　　　6～10. Y　Y　N　Y　Y

二、选择题

1～5. B　A　B　C　C

三、填空题

1. 过氧化氢　2. 勒兹纹、空心管状　3. 漂浮　4. 圆形色素小点　5. 薄膜干涉

任务4　有色宝石综合鉴定

一、是非题

1～5. Y　Y　N　Y　N　　　　6～10. Y　Y　N　Y　N

二、选择题

1～5. B　B　B　C　A　　　　6～10. C　A　C　C　B

三、填空题

1. 不、经常不同　2. 自色、他色、假色　3. 人造宝石、合成宝石、拼合宝石、再造宝石

4. 松香味、辛辣等异味　5. 焰熔法、助熔剂法、水热法　6. 刻面、弧面

7. 翡翠、软玉、辉石族、闪石族　8. 斯里兰卡

附录　有色宝石鉴定工作指导手册

有色宝石的范围是指除了钻石以外的所有其他常见珠宝玉石，包括常见单晶宝石、常见玉石、常见有机宝石三大类。从事有色宝石鉴定工作，需要掌握常见珠宝玉石的外观特征、仪器鉴定特征以及珠宝鉴定仪器的使用方法。除此之外，有色宝石鉴定工作者还要掌握有色宝石鉴定的工作流程、珠宝鉴定证书开具流程以及常见珠宝鉴定证书的鉴定项目解释。本附录命名为有色宝石鉴定工作指导手册，主要包括五分部内容：宝石鉴定检验流程、宝石鉴定仪器操作规范、珠宝鉴定证书开具流程、珠宝鉴定证书介绍、常见有色宝石鉴定特征。

Ⅰ　宝石鉴定检验流程

【步骤一：总体观察，也称肉眼鉴定或经验鉴别】

一、观察内容

宝石鉴定工作者通过对宝石的颜色、光泽、透明度、色散、特殊光学效应、断口、解理等外观特征的直接观察，在用仪器之前获得宝石的基本信息，为进一步针对性地选择有效的仪器，正确鉴定出宝石品种并予以评价打下良好的基础。具有丰富经验的鉴定师通常通过总体观察即可基本鉴别宝石品种并予以评价。

二、观察方法

1. 观察宝石的颜色

有色宝石的颜色需在白色背景上使用反射光对宝石的表面进行观察，光源要使用日光或与之等效的光（各种波长混合的最均匀的光）进行观察。其他有颜色的背景或单色光下对宝石颜色的观察都会导致结果失真。

有色宝石颜色的观察要从宝石颜色的色调、深浅、明暗、颜色的变化（色带和色斑的具体情况）、多色性等方面进行综合性的观察和描述。

2. 观察宝石的光泽

有色宝石光泽的观察需要使用反射光来检查判断抛光的、粗糙的、断口的表面的光泽情况。宝石的光泽不固定，但其强弱能够体现宝石折射率的高低，为宝石鉴定提供依据。宝石的光泽与其折射率（用 RI 表示）、反射率的关系见表 Ⅰ-1。

表 Ⅰ-1　宝石折射率与光泽的关系

光泽类型	折射率范围	反射率范围	常见宝石举例
金属光泽	RI > 3	反射率 >25%	金、银
半金属光泽	2.6 < RI < 3	反射率 = 19% - 25%	闪锌矿
金刚光泽	1.9 < RI < 2.6	反射率 = 10% - 19%	钻石、锆石
玻璃光泽	1.3 < RI < 1.9	反射率 = 4% - 10%	碧玺、水晶、绿柱石等

某些宝石矿物表面不光滑，可形成一些特殊的光泽，宝石特殊光泽类型及解释见表 Ⅰ-2。

表 I-2 宝石特殊光泽及解释

特殊光泽类型	现象解释	常见宝石举例
珍珠光泽	宝石呈现如珍珠表面或贝壳内壁样的柔和光泽	珍珠、贝壳
丝绢光泽	由于具有纤维状结构或构造，各纤维的反射光相互影响而呈现出丝绢般的反光现象	木变石、查罗石和孔雀石
油脂光泽	由于极微细的粗糙表面使光纤漫反射而显示油脂般的反光现象	软玉、石英断口
蜡状光泽	由隐晶质或微细颗粒表面对光漫反射而呈现蜡状反光现象	绿松石、蛇纹石玉
树脂光泽	某些黄、棕或褐色的宝石表面呈现的如松香般的光泽	琥珀

3. 观察宝石的透明度

宝石透明度的观察要用透射光来判断，可使用强光源，如手电筒、光纤冷光源灯等。一般情况下，玉石集合体的透明度比单晶宝石差。宝石透明度级别解释见表 I-3。

表 I-3 宝石特殊光泽及解释

透明度级别	现象解释	常见宝石举例
透明	可充分透过光纤，通过宝石可极明显地看到对面的物体	钻石、水晶
亚透明	宝石能透光，通过宝石可透视物体，但不太清楚	玻璃地翡翠、碧玺
半透明	可部分透光，但仅能见到物体轮廓的阴影	软玉、岫玉
微透明	透光很少，仅在宝石边缘可透光	玛瑙
不透明	宝石磨成极薄的片也不透光	青金石、孔雀石

4. 观察宝石的色散（火彩）

宝石色散的观察用反射光、自然光即可。一般观察刻面型宝石各个小刻面上是否闪烁出五颜六色的火彩。观察有颜色刻面宝石的火彩时，要不断地旋转宝石的小刻面观察。

5. 观察宝石的特殊光学效应

某些宝石品种具有特征的特殊光学效应现象，可以为鉴定工作者提供鉴定信息。宝石特殊光学效应观察方法及内容见表 I-4。

表 I-4 宝石特殊光学效应观察方法及内容

特殊光学效应	观察方法及内容	常见宝石举例
猫眼效应	使用强点光源在宝石顶部照射，观察猫眼的眼线是否可以灵活移动等	金绿宝石、海蓝宝石、碧玺、磷灰石、透辉石、矽线石等
星光效应	使用强点光源在宝石顶部照射，注意观察星光效应是几射星光，星线是否平直、明亮、尖锐清晰，星线汇聚处是否有光斑	刚玉类宝石、铁铝榴石、芙蓉石等
沙金效应	采用顶光照射宝石，观察宝石内部包裹体闪光的强度以及对宝石光彩的影响	日光石、东陵石、人造沙金玻璃
月光效应	采用反射光照射宝石，观察月光效应的颜色，月光效应与变彩效应的区别是月光效应时仅显单一颜色	月光石
变彩效应（晕彩效应）	采用反射光照明观察，注意变彩（晕彩）颜色的种类、彩片的形状以及彩片的面积大小	欧泊、拉长石
变色效应	用日光和白炽灯两种光源，采用反射光照射宝石。观察不同光源下宝石的颜色变化	变石、萤石、镁铝榴石、锰铝榴石、尖晶石、蓝宝石、碧玺等

【步骤二：常规鉴定仪器测试】

完成步骤一之后，宝石鉴定工作者对肉眼观察得到的信息进行筛选整理。针对要鉴定检测的宝石选择鉴定仪器，以进一步正确鉴定宝石的品种、是天然品还是合成品、是否经过优化处理、是否为拼合石或再造宝石。常规鉴定仪器测试主要包括以下几个内容：

1) 放大观察：从 10× 放大镜到宝石显微观察。
2) 折射仪测试：折射率及双折射率测试。
3) 偏光检查及光性测试：偏光及锥光测试。
4) 相对密度测试：重液法或静水称重法测试。
5) 分光镜测试：吸收光谱观察。
6) 多色性测试：二色镜测试。
7) 紫外荧光测试：荧光或磷光观察。
8) 其他测试：如查尔斯滤色镜、热导仪、热针等。

【步骤三：傅里叶变换红外光谱仪测试】

若经过步骤一与步骤二还不能准确确定宝石品种，可使用傅里叶变换红外光谱仪进行进一步的无损检验。对比检测到的样品红外光谱图与标准图谱的匹配度，以确定宝石品种。

【步骤四：根据肉眼观察和仪器测试结果，综合宝石鉴定特征得出宝石名称】

Ⅱ　宝石鉴定仪器操作规范

一、宝石显微镜

1. 主要用途

通过放大（10X – 80X）检查宝石内外部特征，提供宝石鉴定信息。

2. 基本结构（以双筒立体变焦显微镜为例，如图Ⅱ-1所示）

3. 操作方法

第一步：用酒精棉清洗宝石并将宝石置于宝石镊子上。

第二步：接通显微镜电源，打开顶灯或底灯，根据观察需要，随时调节光源照明方式、亮度、方向等。一般观察表面特征及不透明宝石用顶光源照明，观察透明宝石内部特征用侧光源照明。根据观察需要，也可选择底光源照明、点光源照明（将缩光圈调至最小）或几种照明方式结合的照明方式。

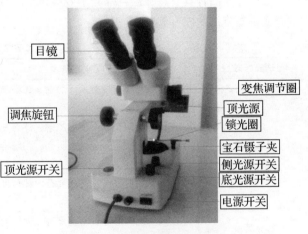

图Ⅱ-1　宝石显微镜结构示意图

目镜　变焦调节圈　顶光源　锁光圈　宝石镊子夹　侧光源开关　底光源开关　电源开关　调焦旋钮　顶光源开关

第三步：将变焦调节圈调至最低倍数。双眼同时睁开靠近目镜观察样品表面特征，使其清晰可见（准焦）。若图像有重影，可调节目镜（双筒）间的距离，使之出现一个完整的立体图像。若图像不清晰，调节调焦旋钮，使样品清晰可见。

第四步：调节调焦旋钮，观察样品过程中，首先用低倍（"10×"至"20×"）放大，以便观察样品整体形象和特征；然后逐步放大倍数，以便仔细观察某一局部特征。随着放大倍数增高，则样品的视域变小，工作距离（焦距）变短，视域变暗。因此，高倍下观察样品较低倍下困难。

第五步：观察结束后，取下宝石样品。将调焦旋钮调至最低倍数、物镜放至最低。先关闭光源，然后关闭显微镜电源并盖上显微镜罩。

4. 注意事项

（1）关于宝石内外部特征的判定：

用透射光照射宝石时所观察到的明显特征，若用反射光观察不到，则说明此特征为内部的；某特征与宝石表面部位可同时准焦，则说明此特征可能在该表面部位上。

（2）调整物镜焦距时，要避免大幅度下降镜筒，以防物镜被宝石刮伤或压破。

（3）保持显微镜清洁，镜头不要用手指触摸，可用镜头纸擦拭。

（4）暂时不用时，将灯源关闭。

二、折射仪

1. 主要用途

测定抛光宝石的折射率和刻面宝石的双折射率；确定宝石为均质体或非均质体，确定非均质体宝石的光性、轴性。

2. 基本结构（如图Ⅱ-2所示）

3. 操作方法

（1）大刻面宝石折射率测定（刻面法、近视法）

第一步：打开折射仪盖子并接通电源，清洗宝石和玻璃棱镜。

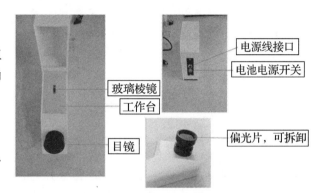

图Ⅱ-2　宝石折射仪结构示意图

第二步：在玻璃棱镜中央滴一滴折射油（直径约2mm为宜）。

第三步：用食指将宝石最大的刻面推到棱镜中央的折射油上，使其和棱镜之间形成良好的光学接触。

第四步：眼睛靠近目镜，转动偏光片观察阴影线的条数和位置，然后转动宝石观察阴影线刻度值变化情况，阴影线所对应的刻度值即为宝石折射率值；

第五步：记录结果，折射率值（RI）精确到小数点后三位0.001；注意不要把折射油的折射率值1.79（1.81）作为测试结果。

第六步：测试完毕，将宝石轻推至金属工作台上，取下宝石，清洗宝石和棱镜。

（2）小刻面宝石、弧面型宝石折射率测定（点测法、远视法）

第一步：打开折射仪盖子并接通电源，清洗宝石和玻璃棱镜。

第二步：在玻璃棱镜中央滴一滴折射油（直径约1-2mm为宜）。

第三步：用食指将宝石的弧顶或抛光良好的小刻面朝下推到棱镜中央的折射油上，使其和棱镜之间形成良好的光学接触。

第四步：取下偏光片，眼睛距目镜约30-50cm处上下平行移动头部，观察宝石在棱镜上的影像，影像半明半暗或上暗下明处的交界值即为宝石折射率值。

第五步：记录结果，折射率值（RI）精确到小数点后二位0.01。

第六步：测试完毕，将宝石轻推至金属工作台上，取下宝石，清洗宝石和玻璃棱镜。

4. 注意事项

（1）若见不到样品阴影边界或影像，可能是：样品的折射率大于1.81；眼睛观察方位不对；

样品粒度太小或折射油太少。

（2）折射油不宜太多，特别是在小刻面宝石和弧面型宝石测试过程中，过多的浸油会使影像过大或产生粗的暗色边，影响读数的精确度。

（3）折射油有较强的腐蚀性，测试完毕后要立即清洗工作台。

（4）工作台硬度低，不能在工作台上使用镊子。

三、偏光镜

1. 主要用途

测定透明或半透明宝石为各向同性或各向异性的特征；测定透明或半透明宝石为单晶质宝石或多晶质集合体宝石。

2. 基本结构（如图Ⅱ-3所示）

3. 操作方法

第一步：接通电源，打开偏光镜开关。

第二步：清洗宝石，并将宝石放置于载物台上。

第三步：转动上偏光片，使视域黑暗即处于消光位置。

第四步：360°转动置放着宝石的载物台，观察宝石的明暗变化。

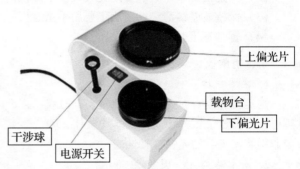

图Ⅱ-3　偏光镜结构示意图

第五步：记录现象，分析结果。转动宝石360°后：视域始终全暗证明其为均质体宝石（非晶质、等轴晶系）；视域四明四暗为非均质体宝石（一轴晶或二轴晶）；视域全亮为多晶质集合体宝石；视域出现十字形（无色环）、格子状、斑块状消光，则为异常消光，多为玻璃、塑料仿制品等内部结构有异的均质体宝石。

第六步：测试完毕，取下宝石，关闭电源。

4. 注意事项

（1）多裂隙宝石和聚片双晶发育宝石偏光镜下会出现全亮现象，但并不表示其为非均质体。

（2）具有高折射率、切工好的样品使用偏光镜进行测试时，应使其亭部刻面与载物台接触，防止全内反射发生。

（3）测试时应多测几个刻面，以避开光轴方向。

（4）对于不明确的测试结果应结合其他仪器进行进一步测试。

四、二色镜

1. 主要用途

测定单晶、透明、有颜色宝石的多色性，以确定其为均质体或非均质体宝石。

2. 基本结构（如图Ⅱ-4所示）

3. 操作方法

第一步：用镊子夹着或左手直接拿着宝石，右手持二色镜。使强阳光或手电筒白色光投射于宝石上。

图Ⅱ-4　二色镜结构示意图

第二步：眼睛靠近二色镜目镜，二色镜窗口靠近宝石，间距在2-5mm之间。

第三步：选择宝石的台面（弧面型宝石底面）、腰棱、亭尖（弧面型宝石弧顶）三个位置观察宝石多色性。

第四步：在任意位置观察宝石多色性时，若二色镜两个窗口颜色相同，则转动宝石90°继续观察该位置。此时如果还观察不到颜色差异，则换下一个位置继续观察。

第五步：当观察到二色镜两个窗口颜色存在差异时，转动二色镜180°，只有两窗口颜色也随之互换，才表明宝石有多色性。

第六步：测试完毕，记录宝石多色性结果。若宝石呈现两种颜色，说明宝石有二色性，若宝石呈现三种颜色，说明宝石有三色性。

4. 注意事项

（1）不能将宝石直接放在光源上，某些宝石受热后多色性可能会改变。

（2）宝石有多色性证明是非均质体宝石，若多色性缺失，却不能断定是均质体宝石。

（3）对弱多色性现象应持怀疑态度，如不能确定测试结果，应忽略本项测试。

（4）对于不明确的测试结果应结合其他仪器进行进一步测试。

（5）三色性宝石的三种颜色在不同方向上显示，从一个方向上观察，只能看到两种颜色。

五、分光镜

1. 主要用途

测定有典型吸收光谱特征的宝石的吸收光谱状况，以确定宝石中的致色元素。

图Ⅱ-5 分光镜结构示意图

2. 基本结构（如图Ⅱ-5所示）

3. 操作方法

（1）透明到半透明宝石的吸收光谱观察（透射法）

第一步：擦净宝石，将宝石置于冷光源上方，使光透过宝石。

第二步：将分光镜对准透过（反射）宝石光源最亮的部分。

第三步：眼睛靠近分光镜观察窗口进行观察，不断调整分光镜角度直至看清光谱为止。

第四步：记录观察到的吸收光谱。

第五步：测试完毕，收回宝石，关闭用于测试的冷光源。

（2）小颗粒、颜色浅的透明宝石的吸收光谱观察（内反射法）

第一步：擦净宝石，将光线从宝石斜上方的某一位置射入，并使之从宝石另一侧面反射出来。

第二步：将分光镜直接对准反射光。

第三步：眼睛靠近分光镜观察窗口进行观察，不断调整分光镜角度直至看清光谱为止。

第四步：记录观察到的吸收光谱。

第五步：测试完毕，收回宝石，关闭用于测试的冷光源。

（3）不透明或透明度较差宝石的吸收光谱观察（表面反射法）

第一步：擦净宝石，将光线从宝石样品表面反射出来。

第二步：将分光镜直接对准反射出来的光线。

第三步：眼睛靠近分光镜观察窗口进行观察，不断调整分光镜角度直至看清光谱为止。

第四步：记录观察到的吸收光谱。

第五步：测试完毕，收回宝石，关闭用于测试的冷光源。

4. 注意事项

（1）要借助镊子拿住宝石，不要用手直接拿宝石，因为人体血液会产生吸收线。

（2）光源有热辐射，长时间照射会使宝石受热，导致吸收线模糊，甚至消失。

（3）某些眼镜可产生吸收线，观察时应摘掉眼镜；或在样品放置前，先检查眼镜片是否有吸收线。

（4）多色性强的宝石，因方向不同，吸收光谱可略有差别，因而要从不同方向观察。

（5）棱镜式分光镜形成的光谱，两端焦距略有不同，观测红光区或蓝光区时，应注意随时调节焦距，使光谱清晰。

（6）同种宝石因产地或成因不同，晶体中的微量元素可能有些差别，反映在吸收光谱上，其吸收线位置及吸收强度可有所不同；

（7）光栅手持式分光镜的进光狭缝是固定的，无须调节，观测时应尽量靠近样品。

六、紫外荧光灯

1. 主要用途

测定宝石在紫外线下的发光性（荧光、磷光）。

2. 基本结构（如图Ⅱ-6所示）

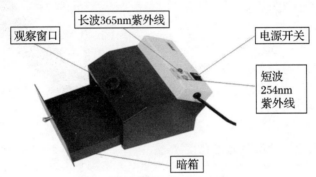

观察窗口　　长波365nm紫外线　　电源开关　　短波254nm紫外线　　暗箱

图Ⅱ-6　紫外荧光灯结构示意图

3. 操作方法

第一步：擦净宝石，用镊子将宝石置于暗箱中，关上暗箱抽屉，使宝石完全置于黑暗中。

第二步：接通电源，打开电源开关。

第三步：眼睛靠近紫外荧光灯观察窗口，分别按下长波（红色）、短波（绿色）按钮片刻，等待紫外荧光灯发射荧光时，观察样品在长短波下荧光的颜色和强度。

第四步：对比长、短波下宝石的发光性，并记录荧光的强度和颜色。

第五步：关闭紫外灯，观察宝石是否继续发光。如继续发光，记录宝石磷光的强度和颜色。

第六步：测试完毕，关闭紫外荧光灯，用镊子取出宝石。

4. 注意事项

（1）短波紫外线对人体有伤害，使用时应避免人体各部位（主要是手、眼）被紫外线照射，观察时应关好玻璃挡板，取、放样品时应关闭紫外荧光灯或使用镊子操作。

（2）宝石样品必须放在紫外荧光下的黑暗背景之中进行观察。

（3）无论测出的是荧光还是磷光，只能作为辅助性的鉴定依据，不能仅凭宝石的发光性对宝石做出鉴别。

（4）同类宝石不同样品的荧光可能有明显差异。

（5）观察宝石样品发光性时，要记录发光颜色和发光强度，还需要注意发光部位是否均匀。如不均匀要搞清原因，特别是多种矿物组成的玉石，荧光可能发自其中某一种矿物，如青金石中的方解石有荧光；如是宝石表面的油脂、纤维等发出的荧光，则需擦净宝石样品，重新测试。

七、静水力学法测密度天平

1. 主要用途

测定宝石的相对密度。

2. 基本结构（如图Ⅱ-7所示）

3. 操作方法

第一步：接通电源，打开天平电源开关，按下清零按钮（TARE），调节归零。

第二步：清洁待测宝石，用镊子将宝石放置于支架上的金属片上，称出宝石在空气中的质量 $m_空$。

第三步：将蒸馏水倒入烧杯中，使铜丝吊篮浸没于蒸馏水中，调节克拉称量归零。

第四步：将宝石用镊子放入铜丝吊篮中，排除气泡，称出宝石在水中的质量 $m_水$。

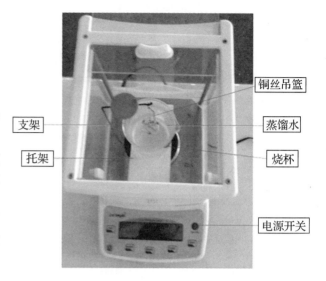

图Ⅱ-7 静水力学法测密度天平结构示意图

第五步：将所测数值代入公式得出宝石的相对密度 $SG = m_空 / (m_空 - m_水)$，计算结果保留两位小数至 0.01。

第六步：测试完毕，用镊子取出宝石，关闭天平电源。

4. 注意事项

（1）测试环境要相对安静，天平要放稳，室内空气对流小。

（2）要注意天平上是否有水或灰尘，样品上也不能有气泡。

（3）称重时要把天平的防护门关上，并保证在空气中称量时干净、干燥。

（4）测试过程中要注意铜丝吊篮不能与烧杯壁接触，否则会引起测试结果出现误差。

（5）多孔的宝石不能测量，样品过小的宝石测量时，测试误差会比较大。

八、查尔斯滤色镜

1. 主要用途

测定绿色、蓝色宝石在查尔斯滤色镜下是否变红。

2. 基本结构（如图Ⅱ-8所示）

图Ⅱ-8 查尔斯滤色镜结构示意图

3. 操作方法

第一步：清洁待测宝石。

第二步：将待测宝石置于白色光源、黑背景下观察。不透明宝石用反射光，透明及半透明宝石用透射光。根据宝石颜色调节光源强弱，通常宝石颜色越浅，光源越弱。

第三步：手持查尔斯滤色镜手柄紧贴眼睛，查尔斯滤色镜距离待测样品 25－30cm。

第四步：观察宝石颜色是否发生变化。

第五步：测试完毕，记录现象，收回宝石。

4. 注意事项

（1）查尔斯滤色镜下所见颜色深度取决于待测样品的大小、形状、透明度及其体色。体积小、不透明、颜色浅的宝石通常反应较弱。

（2）查尔斯滤色镜的测试仅作为辅助性鉴别手段，在查尔斯滤色镜下呈红色并不能证明宝石一定是染色的或合成的。

Ⅲ 珠宝鉴定证书开具流程

珠宝鉴定证书是对珍稀贵金属、宝玉石或珠宝成品的真假和属性出具的公信证明，由符合鉴定资格的专业机构和专业人士具体实施。珠宝鉴定证书是对应珠宝首饰的身份证，通常能为消费者提供购买珠宝首饰的信心和决心。

然而，经有关方面调查发现，国内一些旅游景点和部分大型超市珠宝专柜屡屡出现虚假珠宝鉴定证书的情况。2016 年 7 月深圳市市场和质量监管委罗湖局依法查处涉嫌违法珠宝检测机构 6 家，这些机构开展非法检测活动，对黄金、白银、珠宝玉石进行非法质量检测或认证，并提供虚假鉴定证书或报告。这种行为极大损害了消费者利益，并严重扰乱了珠宝市场秩序。为使消费者明辨珠宝鉴定证书真假，建立对珠宝鉴定证书的信心，本文将完整介绍珠宝鉴定证书的开具流程。虽然各珠宝鉴定检测中心的工作顺序可能略有不同，但珠宝鉴定证书的开具基本是由以下流程构成：

一、送检接样

需要开具珠宝鉴定证书的顾客或珠宝公司送检时需携带有效身份证件到检测中心的个人委托检验窗口，办理需要鉴定的珠宝首饰的送检手续。业务人员会为符合检测范围的样品办理相关检测手续，并反馈给送检客户一份委托合同书或接样单，合同书中或接样单应对送检珠宝首饰作基本描述，并填写客户的姓名和联系方式，客户凭此合同书或接样单及有效身份证件在规定时间领取证书及送检样品。

二、样品建档

送检接样完成后，将待鉴定的珠宝首饰装进送检容器中并随同任务单送到样品管理室准备检测。样品管理员会将为待检测的珠宝首饰建立档案，检测人员将根据每一步的检测结果准确填写档案内容。一般来说，为了保证检测结果的准确性，每一件首饰都会最少经过三道关：初检、审核和总审核。

三、初次检测

初检包括宝石检测和贵金属检测。如果送检的首饰是镶嵌类首饰，则需分别进行宝石及贵金属检测。如果送检的是未经金属镶嵌的首饰，只进行宝石类检测即可。

贵金属检测首先要进行贵金属印迹检测，检查厂家及金属印记是否完整。随后进行贵金属无损检测，需用电子仪器测量实际数据；如需要，也可做贵金属化学分析等检验。

宝石检测会有两位经验丰富的专业珠宝鉴定师分别进行一检和二检。如果一件首饰上的宝石不止一颗，那么每颗珠宝都必须进行检测。

四、专人审核

初检结束后，宝石检测和贵金属检测的结果将送交审核处，由专人进行检测审核，审核通过后，再送交总审核处。

五、总审核

总审核的工作人员必须将所有检测结果综合进行总审核。终审通过后首饰将送回样品管理室。

六、证书出具

证书部在出具证书之前，将对送检的首饰再次称重、复核并拍照，所得数据和照片与之前检测过程中所得检测数据一同打印到鉴定证书上。再经过核对、加盖印章、防伪标记、塑封等程序，一张首饰鉴定证书才完整制作出来。最后，样品及检测证书一齐送至业务室，等待消费者领取。

Ⅳ　珠宝鉴定证书介绍

一、国内珠宝鉴定证书资质解读

1. CMA

CMA（图Ⅳ–1）是 China Metrology Accreditation（中国计量认证/认可）的缩写。是国家对检测机构的法制性强制认证，是检测机构计量认证的合格标志，CMA 标志证明该检验机构为合法的检验机构，具备符合要求的检测设备、人员资格、工作场所、检验条件和健全的管理规程、规章制度。

2. CAL

CAL（图Ⅳ–2）是 China Accredited Laboratory（中国认证实验室）的缩写。CAL 标志是质量技术监督部门依法设置或依法授权的合格的检验机构的专用标志。审查认可是指国家认监委和地方质检部门依据有关法律、行政法规的规定，对检验机构是否有能力承担政府主管部门实施市场监管检验工作的一种资质认定。在技术监督系统依法设置的质检所称"审查验收"，对行业的检验机构叫依法授权，统称"审查认可"，使用 CAL 标志。

3. CNAS 与 ilac-MRA

CNAS（图Ⅳ–3）是 China National Accreditation Service for Conformity Assessment（中国合格评定国家认可委员会）的缩写。该标志代表着该检验机构通过了由中国国家实验室认证委员会的组织实施考核认可。表明具备了按相应认可准则开展检测和校准服务的技术能力；增强市场竞争能力，赢得政府部门、社会各界的信任；获得签署互认协议方国家和地区认可机构的承认；有机会参与国际间合格评定机构认可双边、多边合作交流；可在认可的范围内使用 CNAS 国家实验室认可标志和 ILAC 国际互认联合标志；列入获准认可机构名录，提高知名度。根据中国加入世贸组织的有关协定，"CNAS"标志在国际上可以互认，已得到美国、日本、法国、德国、英国等国家的承认。

| 图Ⅳ-1 | 图Ⅳ-2 | 图Ⅳ-3 |

二、国际珠宝鉴定证书项目解释

序号	项目名称	中文解释
1	NO	证书编号
2	Date	开证日期
3	Objec	鉴定对象
4	Identification	鉴定为（鉴定结果）
5	Weight	重量
6	Dimension	尺寸（长宽高、直径等）
7	Cut	切工
8	Shape	形状
9	Color	颜色
10	Comment	备注
11	No indication of thermal treatment	无热处理或优化处理迹象
12	E（Enhanced）	优化处理，包括加热后净度或颜色优化，愈合裂隙及洞痕处无残留物或可含微量外来残留物，视为永久性处理
13	H	热处理，无残留物
14	H（a）	热处理，微量残留物（愈合裂隙有硼砂等残留物）
15	H（b）	热处理，少量残留物（愈合裂隙有硼砂等残留物）
16	H（c）	热处理，中量残留物（裂缝或洞痕愈合处有硼砂或玻璃状物质等残留物）
17	H（d）	热处理，明显残留物（裂缝或洞痕愈合处有硼砂或玻璃状物质等残留物）
18	H（Be）	以化学元素进行之热处理，例如铍扩散处理
19	E（IM）	包括铍元素等轻微元素之扩散式热处理，诱发形成色域及颜色中心（此法和表层热扩散处理不同），视为永久性处理，重切磨需特别注意颜色区域分部
20	LIBS	激光诱导击穿光谱仪检测
21	FTIR	傅立叶红外光谱仪检测
22	CE（Clarity Enhancement）	净度优化
23	CE（O）	浸无色油（净度优化）处理
	Dried out features	若有干渍迹象表示该宝石可在进一步的处理下提升净度等级
	None	无油
	Minor（Insignificant）	轻度注油
	Moderate	中度注油
	Prominent（Significant）	显著注油
24	C（Coating）	镀膜处理
25	D（Dyeing）	染色处理
26	O（Oil）	浸油处理（包括有色或无色油以及类似环氧树脂和蜡状物质）
27	R（Irradiation）	辐照处理（原子轰击式）
28	U（Diffusion）	表层热扩散处理（俗称二度烧）
29	FH（Fissure Healing）	愈合裂隙
30	Origin	产地、成因

V 常见有色宝石鉴定特征

宝石名称	晶系	光性	主要化学成分	折射率	双折率	比重	硬度	其他鉴定特征
祖母绿 Emerald	六方	U−	$Be_3Al_2Si_6O_{18}$	1.577−1.583	0.005−0.009	2.72±	7.5−8	裂隙常发育；三相包体；多色性中至强；铬吸收光谱
海蓝宝石 Aquamarine	六方	U−	$Be_3Al_2Si_6O_{18}$	1.577−1.583	0.005−0.009	2.72±	7.5−8	平行管状包体；多色性弱至中；427nm吸收线
绿柱石 Beryl	六方	U−	$Be_3Al_2Si_6O_{18}$	1.577−1.583	0.005−0.009	2.72±	7.5−8	可含有固体矿物包体，气液两相包体；多色性因颜色而异
金绿宝石 Chrysoberyl	斜方	B+	$BeAl_2O_4$	1.746−1.775	0.009	3.73±	8−8.5	指纹状包体、丝状包体，透明宝石可见双晶纹，阶梯状生长面；445nm强吸收带
猫眼 Cat's eye	斜方	B+	$BeAl_2O_4$	1.746−1.775	0.009	3.73±	8−8.5	指纹状包体、丝状包体；猫眼效应；三色性弱
变石 Alexandrite	斜方	B+	$BeAl_2O_4$	1.746−1.775	0.009	3.73±	8−8.5	指纹状包体、丝状包体；变色效应；三色性强；铬吸收谱
红宝石 Ruby	三方	U−	Al_2O_3	1.762−1.770	0.008−0.010	4.00±	9	二色性强；铬吸收谱，红色荧光；针状包体等
蓝宝石 Sapphire	三方	U−	Al_2O_3	1.762−1.770	0.008−0.010	4.00±	9	二色性强；蓝区450nm铁吸收光谱；六边形色带；无荧光
符山石 Idocrase	四方	U±	$Ca_{10}Mg_2Al_4(SiO_4)_5(Si_2O_7)_2(OH)_4$	1.713−1.718	0.001−0.012	3.40±	6−7	气液包体，矿物包体；464nm吸收线
橄榄石 Peridot	斜方	B±	$(Mg,Fe)_2SiO_4$	1.654−1.690	0.036	3.34±	6.5−7	453nm，477nm，497nm铁吸收带；睡莲叶状包体
硼铝镁石 Sinhalite	斜方	B−	$MgAlBO_4$	1.668−1.707	0.036−0.039	3.48	6−7	双影；多色性中等；493nm，475nm，463nm，452nm吸收线

（续）

宝石名称		晶系	光性	主要化学成分	折射率	双折率	比重	硬度	其他鉴定特征
石英 Quarta	水晶 Rock crystal	三方	U +	SiO_2	1.544 – 1.553	0.009	2.65 ±	7	色带；固体矿物包体、液体、气液两相包体；牛眼状干涉图
	紫晶 Amethyst								
	黄晶 Cittine								
	烟晶 Smoky quartz								
	绿水晶 Green quartz								
	芙蓉石 Rose quartz								
木变石 Tiger's-eye		非均质体	集合体	SiO_2	1.54	–	2.64 – 2.71	7	纤维状结构；虎睛石可具波状纤维结构；鹰眼石纤维清晰；猫眼效应
玉髓 Chalcedony		非均质体	集合体	SiO_2	1.54	–	2.60 ±	6.5 – 7	隐晶质结构；玛瑙可见同心层状和规则的条带；贝壳状断口
东陵石 Aven Turine quartzite		非均质体	集合体	SiO_2	1.54	–	2.64 – 2.71	7	粒状结构；可含云母或其他矿物包体；砂金效应，滤色镜下变红
尖晶石 Spinel		等轴	I	$MgAl_2O_4$	1.718	无	3.60 ±	8	细小八面体尖晶石包体；红色在红区有风琴琴荧光谱，可见荧光；蓝色在蓝区见三吸收带
托帕石 Topaz		斜方	B +	$Al_2SiO_4 (F, OH)_2$	1.619 – 1.627	0.008 – 0.010	3.53 ±	8	底面完全解理；眼睛状包体

（续）

宝石名称	晶系	光性	主要化学成分	折射率	双折率	比重	硬度	其他鉴定特征
蓝晶石 Kyanite	三斜	B-	Al_2SiO_5	1.716-1.731	0.012-0.017	3.68±	4-7	固体矿物包体；色带；多色性；色带；435nm，445nm 吸收带
碧玺 Tourmaline	三方	U-	Al, Mg 复杂硅酸盐	1.624-1.644	0.018-0.04	3.06±	7-8	绿色碧玺包体较少，其他特别是红色碧玺常含大量充满液体的扁平状、不规则管状包体，平行线状包体；二色性强（但黄色者弱）；10X放大可见重影
锆石（高型）Zircon	四方	U+	$ZrSiO_4$	1.925-1.984	0.059	4.60-4.80	6-7.5	性脆，纸蚀；愈合裂隙；653.5nm 特征强吸收线；双影；二色性弱（蓝色除外）
磷灰石 Apatite	六方	U-	$Ca_5(PO_4)_3$(F, OH, Cl)	1.634-1.638	0.002-0.008	3.18±	5-5.5	气液包体；黄绿区 580nm 处有两组稀土（伽）细线吸收光谱；有猫眼品种；蓝色者强多色性
榍石 Sphene	单斜	B+	$CaTiSiO_5$	1.900-2.034	0.100-0.135	3.52±	5-5.5	双影明显；指纹状包体；色散强；有时见 580nm 双吸收线
镁铝榴石 Pyrope	等轴	I	$Mg_3Al_2(SiO_4)_3$	1.714-1.742	无	3.78±	7-8	针状包体，不规则浑圆状晶体包体；564nm 宽吸收带，505nm 吸收线，含铁者可有 440nm，445nm 吸收线，优质镁铝榴石可有铬吸收
铁铝榴石 Almandite	等轴	I	$Fe_3Al_2(SiO_4)_3$	1.790	无	4.05±	7-7.5	针状包体，锆石放射晕圈，不规则浑圆状晶体包体；504nm，520nm，573nm 强吸收带
锰铝榴石 Spessarite	等轴	I	$Mn_3Al_2(SiO_4)_3$	1.810	无	4.15±	7-7.5	波浪状，不规则浑圆状和浑圆状晶体包体；偶见六射星光；410nm，420nm，430nm 吸收线
钙铝榴石 Grossularite	等轴	I	$Ca_3Al_2(SiO_4)_3$	1.740	无	3.61±	7-7.5	短柱或浑圆状晶体包体，热浪效应；铁致色的贵榴石可有 407nm，430nm 吸收线
钙铁榴石 Andradite	等轴	I	$Ca_3Fe_2(SiO_4)_3$	1.888	无	3.84±	7-7.5	翠榴石可有马尾状包体；滤色镜下变红；红区铬谱
钙铬榴石 Uvarotite	等轴	I	$Ca_3Cr_2(SiO_4)_3$	1.850	无	3.75±	7-7.5	自色（Cr）宝石，晶体较小，能做配戴宝石的极罕见
水钙铝榴石	等轴	集合体	$Ca_3Al_2(SiO_4)_{3-x}(OH)_{4x}$	1.72	-	3.47±	7	黑色点状包体；滤色镜下呈粉红至红色；暗绿色者 460nm 以下全吸收

（续）

宝石名称	晶系	光性	主要化学成分	折射率	双折率	比重	硬度	其他鉴定特征
月光石 Moonstone	单斜	B±	$K(Na)AlSi_3O_8$	1.518－1.526	0.005－0.008	2.58±	6－6.5	蜈蚣状包体、指纹状包体、双晶纹、针状包体；月光效应
天河石 Amazonite	三斜	B±	$Na(Ca)AlSi_3O_8$	1.522－1.530	0.008±	2.56±	6－6.5	LW下黄绿色荧光；常见白色和绿色网格状色斑
日光石 Sunstone	三斜	B±	$Na(Ca)AlSi_3O_8$	1.537－1.547	0.007－0.010	2.65±	6－6.5	常见红色或金色板状包体，具金属质感；砂金效应
拉长石 Labradorite	三斜	B+	$Na(Ca)AlSi_3O_8$	1.559－1.568	0.009	2.70±	6－6.5	双晶纹；晕彩效应；气液包体；针状包体
堇青石 Iolite	斜方	B±	$Mg_2Al_3Si_5AlO_{18}$	1.542－1.551	0.008－0.012	2.61±	7－7.5	三色性强；气液包体；426nm，645nm 弱收收带
矽线石 Sillimanite	斜方	B+ 集合体	Al_2SiO_5	1.659－1.680	0.015－0.021	3.25±	6－7.5	纤维状结构，猫眼效应；410nm，441nm，462nm 弱吸收带；蓝色矽线石具强多色性
黝帘石(坦桑石)Zoisite	斜方	B+	$Ca_2Al_3(SiO_4)_3(OH)$	1.691－1.700	0.008－0.013	3.35±	6－7	矿物包体，气液包体；三色性强；412nm，466nm，492nm，512nm吸收线
萤石 Fluorite	立方	I	CaF_2	1.434	无	3.18±	4	色带；两相或三相包体，一般很强荧光；可具磷光
方解石 Calcite	三方	U－	$CaCO_3$	1.486－1.658	0.172	2.70±	3	双影十分明显；菱面体完全解理；与酸反应起泡；无色透明者为冰洲石
大理石 Marble	三方	集合体	$CaCO_3$	1.486－1.658	－	2.70±	3	粒状结构，片状结构，纤维结构；与酸反应起泡
黑曜岩 Obsidian	非晶体	I	SiO_2	1.49	无	2.36－2.40	5－6	晶体包体；似针状包体；白色斑块
锂辉石 Apodumene	单斜	B+	$LiAlSi_2O_6$	1.660－1.676	0.014－0.016	3.18±	6.5－7	气液包体，矿物包体，纤维状包体，解理；三色性弱至强；黄绿色：6nm 吸收线，433nm，438nm 吸收线；绿色：646nm，669nm，686nm 吸收线，620nm 附近宽带
顽火辉石 Enatatite	斜方	B+	$(Mg,Fe)_2Si_2O_6$	1.663－1.673	0.008－0.011	3.25±	5－6	气液包体，矿物包体，纤维状包体，解理；三色性弱至强；505nm，550nm吸收线

（续）

宝石名称	晶系	光性	主要化学成分	折射率	双折率	比重	硬度	其他鉴定特征
普通辉石 Augite	单斜	B+	$(Ca, Mg, Fe)_2(Si, Al)_2O_6$	1.670 – 1.772	0.018 – 0.033	3.23 – 3.52	5 – 6	气液包体，矿物包体，纤维状包体，解理；三色性弱至强
透辉石 Diopside	单斜	B+	$CaMgSi_2O_6$	1.675 – 1.701	0.024 – 0.030	3.29 ±	5 – 6	气液包体，矿物包体，纤维状包体，解理；三色性弱至强；505nm吸收线；铬透辉石可见635nm，655nm，670nm双吸收线
红柱石 Andalusite	斜方	B–	Al_2SiO_5	1.634 – 1.643	0.007 – 013	3.17 ±	7 – 7.5	针状包体；三色性强；SW下黄绿色荧光，LW 则无
方柱石 Scapolite	四方	U–	K、Ca、Na硅酸盐碳酸盐	1.550 – 1.564	0.004 – 0.037	2.60 – 2.74	6 – 6.5	平行管状包体，针状包体；猫眼效应
方钠石 Sodalite	等轴	I	$Na_8(AlSiO_4)_6C_{12}$	1.483	无	2.25 ±	5 – 6	粒状结构；常见白色脉；滤色镜下红褐色；遇酸侵蚀
翡翠 Jadeite	单斜	集合体	$NaAlSi_2O_6$	1.66	-	3.34 ±	6.5 – 7	437nm吸收线，绿色者630nm，660nm，690nm吸收线；翠性；纤维交织结构
软玉 Nephrite	单斜	集合体	透闪石，阳起石为主	1.62 ±	-	2.95 ±	6 – 6.5	纤维交织结构；黑色固体包体
蛇纹石 Serpentine	集合体	集合体	$Mg_3Si_2O_5(OH)_4$	1.560 – 1.570	-	2.57 ±	2.5 – 6	黑色矿物包体；白色条纹，叶片状，纤维状交织结构
绿松石 Turquoise	三斜	非均质集合体	含水磷酸铜等	1.62 ±	-	2.76 ±	5 – 6	特征的蓝-绿色；常有白色斑点，黑色网脉；偶见420nm，432nm，460nm吸收带
独山玉 Dushanjade	非均质体	集合体	斜长石，黝帘石为主	1.56或1.70	-	2.90 ±	6 – 7	纤维粒状结构，蓝绿色或紫色色斑
钠长石玉 Albite jade	非均质体	集合体	$NaAlSi_3O_8$	1.52 – 1.53	-	2.60 – 2.63	6	纤维状或粒状结构；常有白色絮状物
孔雀石 Malachite	非均质体	集合体	$Cu_2CO_3(OH)_2$	1.655 – 1.909	-	3.95 ±	3.5 – 4	特征丝绢至玻璃光泽；条纹状，同心环状结构；遇酸起泡
硅孔雀石 Chrysocolla	非均质体	集合体	$(Cu, Al)_2H_2Si_2O_5(OH)_4 \cdot nH_2O$	1.461 – 1.570	-	2.00 – 2.40	2 – 4	隐晶质结构

（续）

宝石名称	晶系	光性	主要化学成分	折射率	双折率	比重	硬度	其他鉴定特征
青金石 Lapis lazuli	等轴	集合体	$(NaCa)_8(AlSiO_4)_6(SO_4, Cl, S)_2$	1.50	-	2.75±	5-6	粒状结构，常含白色方解石、黄色黄铁矿包体；查尔斯滤色镜下呈红色，黄色黄铁矿包体；长波下其肉内的方解石包体可发粉红色荧光；有时因含方解石折射率可达1.67
菱锰矿 Rhodochrosite	三方	U-或集合体	$MnCO_3$	1.597-1.817	0.220	3.60±	3-5	条带状、层纹状构造；410nm, 450nm, 540nm 弱吸收带
蔷薇辉石 Rhodonite	非均质体	集合体	$(Mn, Fe, MnCa)SiO_3$ 和 SiO_2	1.73 或 1.54	-	3.50±	5.5-6.5	粒状结构，可见黑色脉状或点状氧化铁；545nm 宽吸收带，503nm 吸收线
葡萄石 Prehnite	非均质I质体	集合体	$Ca_2Al(AlSi_3O_{10})(OH)_2$	1.63±	-	2.80-2.95	6-6.5	纤维放射状结构；438nm 弱吸收带
欧泊 Opal	非晶质体	I	$SiO_2 \cdot nH_2O$	1.450, 可低至1.37	-	2.15±	5-6	色斑呈不规则片状，边平坦且较模糊；变彩效应；绿色欧泊有660nm, 470nm 吸收线，可具磷光
查罗石 Charoite	单斜	集合体	$(K, Na)_5(Ca, Ba, Sr)_8(Si_6O_{15})_2Si_4O_9(OH, F) \cdot 11H_2O$	1.550-1.559	-	2.68±	5-6	纤维状结构；可含有白、灰、褐棕色色斑
养殖珍珠 Cultured Pearl	有机宝石	集合体	$CaCO_3$ 和 CH 化合物	1.500-1.685	-	2.67-2.78	2.5-4	珍珠光泽；表面砂感；有核养殖珍珠：珍珠质层呈薄层同心纹放射构造，表面微细层纹；珠核呈平行层状。珠核处反白色冷光
天然珍珠 Natural Pearl	有机宝石	集合体	$CaCO_3$ 和 CH 化合物	1.530-1.685	-	2.61-2.85	2.5-4.	珍珠光泽；表面砂感；珍珠质层表现为同心等高线纹理；表面等高线纹理；同心放射状结构
珊瑚 Coral	有机宝石	集合体	$CaCO_3$ 为主	1.486-1.658	-	1.35-2.65	3-4	珊瑚虫腔体表现为颜色和透明度稍有不同的平行条带，波状纹；同心圆层，遇酸起泡
琥珀 Amber	有机宝石	I	$C_{10}H_{16}O$, 可含 H_2S	1.54±	-	1.08±	2-2.5	气泡、流动线、昆虫或动植物碎片；可见异常光；荧光丰富；摩擦起电
象牙 Ivory	有机宝石	集合体	磷酸钙、弹性蛋白等	1.54±	-	1.70-2.00	2-3	纵切面波纹状结构，横切面乐兹纹；SW, LW 下白-蓝紫荧光

（续）

宝石名称	晶系	光性	主要化学成分	折射率	双折率	比重	硬度	其他鉴定特征
龟甲 Tortoise Shell	有机宝石	非晶质体	有机质	1.55	-	1.29±	2-3	球状颗粒组成斑纹结构；热针能熔，具头发烧焦味；硝酸溶但不与盐酸反应；沸水中变软
煤精 Jet	有机宝石	非晶质体	C为主，有一些H，O	1.66	-	1.32±	2-4	条纹构造；可燃烧，烧后具煤烟味；摩擦带电；黑色但不污手
贝壳 Shell	有机宝石	集合体	$CaCO_3$和CH化合物	1.530-1.685	-	2.86±	3-4	层状结构，表面叠复层结构，火焰状结构等；珍珠光泽；晕彩效应
合成立方氧化锆 Cubic Zirconia	等轴	I	ZrO_2	2.15	无	5.80±	8.5	强色散0.06；荧光因颜色而异；通常洁净
人造钇铝榴石 YAG	等轴	I	$Y_3Al_5O_{12}$	1.833	无	4.50-4.60	8	人造，各种颜色都有；洁净，偶见气泡
人造钆镓榴石 GGG	等轴	I	$Gd_3Ga_5O_{12}$	1.970	无	7.05±	6-7	偶见气泡；色散强0.19
人造钛酸锶 Strontium~	等轴	I	$SrTiO_3$	2.409	无	5.13±	5-6	色散强0.19，无荧光，抛光较差；又名"瑞士钻"
合成碳化硅 Moissanite	六方	U+	SiC	2.648-2.691	0.043	3.22±	9.25	点状，丝状包体；双影；高色散0.104；钻石热导仪下发出蜂鸣声
塑料 Plastic	非晶质体	I	C，H，O	1.460-1.700	-	1.05-1.55	1-3	气泡，流动线；橘皮效应；浑圆状刻面棱线；热针测试有辛辣味；摩擦带电；触摸温感
玻璃 Glass	非晶质体	I	SiO_2	1.470-1.700	无	2.30-4.50	5-6	气泡，表面洞穴，拉长的空管，流动线，橘皮效应；浑圆状刻面棱线；含稀土元素异常消光，异常二轴光；含稀土元素负折射率为1.80±
说明			光性栏目里"I"表示均质体；"U+"表示一轴晶正光性；"U-"表示一轴晶负光性；"B+"表示二轴晶正光性；"B-"表示二轴晶负光性。						

参 考 文 献

[1] 申柯娅. 宝石选购指南 [M]. 北京：化学工业出版社，2008.

[2] 申柯娅，王昶，袁军平. 珠宝首饰鉴定 [M]. 北京：化学工业出版社，2009.

[3] 张蓓莉. 系统宝石学 [M]. 北京：地质出版社，2010.

[4] 余晓艳. 有色宝石学教程 [M]. 北京：地质出版社，2009.

[5] 李娅莉，薛秦芳，李立平，等. 宝石学教程 [M]. 武汉：中国地质大学出版社，2011.

[6] 申柯娅. 宝石鉴定实用宝典 [M]. 上海：上海人民美术出版社，2013.

[7] 刘瑞，张金英，秦宏宇. 宝石学基础 [M]. 北京：地质出版社，2007.

[8] 汤惠民. 行家这样买宝石 [M]. 南昌：江西科学技术出版社，2011.

[9] 赵珊茸，边秋娟，凌其聪. 结晶学与矿物学 [M]. 北京：高等教育出版社，2004.

[10] 张林，何玮，何志方. 宝石鉴定师考试习题试题及解析 [M]. 武汉：中国地质大学出版社，2011.

[11] 王昶，申柯娅. 珠宝首饰的质量与价值评估 [M]. 武汉：中国地质大学出版社，2011.

[12] 钱云奎，徐斌. 黄龙玉鉴定 [M]. 福州：福建美术出版社，2011.

[13] 肖秀梅. 琥珀蜜蜡选购与把玩 [M]. 北京：化学工业出版社，2014.

[14] 葛宝荣，刘涛，张家志. 中国国家宝藏·黄龙玉 [M]. 北京：地质出版社，2010.

[15] 李勋贵，郭杰. 人工及改善宝玉石检验 [M]. 武汉：中国地质大学出版社，2014.

[16] 吴瑞华，王春生，袁晓江. 天然宝石的改善及鉴定方法 [M]. 北京：地质出版社，1994.

[17] 陈钟惠. 珠宝首饰英汉词典 [M]. 武汉：中国地质大学出版社，2003.

[18] 陈钟惠，译. 英国 FGA 宝石学教程 [M]. 武汉：中国地质大学出版社，2003.

[19] 地矿部宝石公司宝石研究所，译. GIA 宝石实验室鉴定手册 [M]. 武汉：中国地质大学出版社，2005.

[20] 吕新彪，李珍. 天然宝石人工改善及检测的原理与方法 [M]. 武汉：中国地质大学出版社，2001.

[21] 欧阳秋眉. 翡翠全集 [M]. 香港：天地图书有限公司，2000.

[22] 夏旭秀. 宝玉石检验实训 [M]. 上海：同济大学出版社，2010.

[23] 崔文元，王雪松. 辽宁省岫岩地区产出的玉的分类、特征及其意义 [J]. 中国宝玉石，2010，(2)：28 –32

[24] 崔文元，杨富绪. 和田玉（透闪石玉）的研究 [J]. 岩石矿物学杂志，2002，21 (sup)：26 –33

[25] 韩萍，吴国忠，余晓艳. 翡翠的结构与颜色 [J]. 中国宝玉石，2000，35 (1)：28 –31

[26] 李耿，余晓艳，蔡克勤. 处理改色黑珍珠的技术方法及其鉴别 [J]. 中国宝石，2006，15 (1)：62 –63

[27] 李兴华，余晓艳，李耿. 金珊瑚的宝石学及红外光谱特征鉴定 [J]. 中国宝石，2006，(4)：193

[28] 余晓艳. 走进水晶的世界 [J]. 百科知识，2002，(3)：32 –34

[29] 于春敏. 浅谈我国琥珀市场现状 [J]. 中国宝石，2016，(2)：122 –125

[30] GB/T 16553 –2010. 珠宝玉石 名称 [S]. 北京：中国标准出版社，2010.

[31] GB/T 23885 –2009. 翡翠分级 [S]. 北京：中国标准出版社，2009.

[32] GB/T 18781 –2008. 珍珠分级 [S]. 北京：中国标准出版社，2008.